Honestus rumor, alterum est
patrimonium.

Habet suum venenum blanda oratio

R 2955

# LA PARFAITE
# EDVCATION
## DES ENFANS,

Et la maniere de les éleuer, tant aux sciences qu'aux vertus.

Le tout diuisé en onze Discours, appuyez des authorités de Theologiens, Medecins, Philosophes, Iurisconsultes, Orateurs, Grammairiens, Poetes, Grecs, Latins, & autres.

Dedié
A MONSIEVR MERAVLT
Maistre des Comptes.

Par M. I. BINETEAV Docteur en Medecine.

A PARIS,
Chez FRANÇOIS PELICAN, ruë S. Iacques proches le College des PP. Iesuites, à l'enseigne du Pelican.

M. DC. L.
Auec Priuilege & Approbation.

# LE PREMIER DISCOVRS.

Aduis necessaire aux parens pour l'instruction de leurs Enfans.

Le 2. quels esprits sont plus propres à l'étude des lettres.

Le 3. En quel temps, & quel âge on doit mettre les enfans à l'etude des lettres.

Le 4. Quelles sciences on doit les premieres enseigner aux enfans.

Le 5. Des methodes nouuelles, & quelle est la plus certaine & la meilleure.

Le 6. Quels enfans on doit faire instruire à la maison, & quels aux Ecoles, & esquelles on doit les mettre.

Le 7. De la nourriture & gouuernement des Enfans, tant pour le corps que pour l'esprit.

Le 8. Des qualitez & conditions necessaires à vn Maistre ou conducteur d'enfans.

Le 9. Du deuoir d'vn Maistre enuers ses Ecoliers.

Le 10. Du deuoir des Ecoliers enuers leur Maistre, leurs compagnons & autres personnes.

Le 11. Hist. tres-remarquables de quelques ieunes hommes de condition de nostre temps, dont la vie a esté malheureuse, & la fin tragique pour auoir esté mal éleuez par leurs parens dans leur ieunesse.

# A MONSIEVR
## MONSIEVR
# MERAVLT,
CONSEILLER DV ROY en ses Conseils, & Maistre ordinaire en sa Chambre des Comptes.

ONSIEVR,

Phocion chez les Grecs, &
Cornelie chez les Romains firent
á ij

## EPISTRE.

autrefois des merueilles: aussi les hommes de leur temps ne furent pas ingrats des obligations qu'ils leur auoient, puis qu'ils leur rendirent durant leur vie autant d'honneurs, qu'vn homme en puisse souhaiter: La posterité n'a point amoindry leur gloire apres leur deceds; au contraire, si elle auoit peu, elle l'auroit augmentée dans les Histoires qu'elle nous en a laissées. Mais quoy que les vertus & les fais heroïques de leurs personnes ayent esté au supréme degré, le soin extréme qu'ils ont eü de la bonne education de leurs enfans, (les genereuses actions desquels en ont esté de fidels & autentiques témoignages) a passé au delà, & leur

## EPISTRE.

donne encor apres leur mort plus d'éclat & de loüanges, qu'ils n'en eurent jadis pendant leur vie. & il est veritable qu'vn homme apres sa mort ne vit pas tant dans la personne de ses enfans, que dans leurs actions. Iusques à present, MONSIEVR, les François en ce poinct ici seulement estoient demeurez inferieurs à ces deux Nations si fameuses, les ayant non-seulement egalées dans la force, le courage, & toutes sortes de vertus, ains de beaucoup surmontées; mais depuis que la fecondité du Ciel vous a donné des Enfans, en l'education desquels vous surpassez autant ces deux insignes personnages, qu'ils firent jadis

# EPISTRE.

ceux de leur temps; Les François deformais incitez par vostre exemple auront aussi bien l'avantage au dessus de toutes les Nations de la terre par la bonne instruction & prudente conduite de leurs Enfans, que par leurs armes. Si i'eusse eu le pinceau d'Apelles pour tirer au vif le pourtraict d'un bon pere, & qui est fort soigneux du bien de sa posterité, ie n'eusse point voulu chercher d'autre modele que vostre personne; vostre sage conduite, & vos insignes vertus m'eussent servy de couleurs, Car ie le dy sans hyperbole, il est impossible de rien adiouster au soin & à la peine que vous vous donnez pour la bonne education de Messieurs vos en-

## EPISTRE.

fans: i'en parle hardiment, mais c'est auec verité, puisque i'ay eu l'honneur fort long-temps de le voir, & d'y participer. A qui donc pouuois-je mieux adresser ces petits discours, qui traitent de l'instruction de la ieunesse, qu'à celuy qui de tous les hommes prend le plus de soin pour elle, qui merite iustement le doux & glorieux nom d'vn bon Pere, qui fort souuent postpose ses propres affaires à celles de ses enfans; Enfin, qui n'épargne aucune chose pour leur instruction & auancement. Aussi, MONSIEVR, deuez-vous attendre des vostres tout autant de satisfaction & de contentement, quand ils seront en âge de paraistre, (puisque desja le Prin-

# EPISTRE.

temps de leurs études produit de si belles fleurs,) comme vous aurez eu de soin pour eux. C'est entre toutes les faueurs, que le Ciel doit à vos heroïques vertus, celle que principalement vous souhaite de tout son cœur,

MONSIEVR,

Vostre tres-humble &
tres-obeïssant seruiteur,
BINETEAV.

Corporis atque animi morbis medicina
    medetur;
  Sed dudum infixos tollere sæpe nequit.

Les maux du corps & de l'esprit
Sont gueris par la Medecine;
Mais s'ils ont pris long-temps racine,
Souuent on n'y fait point de fruit.

## DE SANCTISSIMA TRINITATE
& Incarnatione Verbi, qui fuit infantium omnium optime educatus.

### ANAGRAMMA.

Una Trias, unus trinus, Personaque trina,
  De tribus æternis est Deus unus homo:
Nec Pater omnipotens potuit, nec spiritus esse
  Mortalis, solus Filius esse potest.
O sine patre puer, genitus sine matre Redemptor?
Quem sine matre vides, hunc sine patre foue?

## ANAGRAMME

Sur la saincte Trinité & l'Incarnation du Verbe, qui a esté le mieux esleué de tous les Enfans.

SAincte & glorieuse Trinité,
Qui consistes dans l'vnité
De trois differentes personnes,
Dieu qui és là haut Eternel,
Tu t'és venu rendre mortel
Pour conuerser parmy les hommes.

Le Pere, quoy que tout-puissant
Ne pouuoit, ce qu'a peu l'Enfant;
Le Sainct Esprit plein de sagesse
N'auoit peu se rendre mortel;
Le seul Fils a quitté le Ciel,
Pour embrasser nostre bassesse.

O sans Pere glorieux Enfant !
Sans Mere Fils du Tout-puissant,
Regarde vn pauure enfant sans mere,
Qui passera sa vie en pleurs,
S'il n'est aidé de tes faueurs,
Puis qu'il n'a plus que toy de pere.

## Approbation des Docteurs.

Nous soubsignez Docteurs en la sacrée Faculté de Theologie de Paris, certifions à tous ceux qu'il appartiendra, que nous auons exactement leu vn Liure intitulé, L'education parfaite des Enfans, & la maniere de les éleuer, tant aux sciences qu'aux vertus, composé par M. IVLIEN BINETEAV, Docteur en Medecine, Dans lequel nous n'auons rien trouué qui ne fust conforme à la Foy & aux bonnes mœurs. En temoignage dequoy nous auons signé ces presentes. Fait à Paris ce 31. Iuillet 1647.

G. DAGVES.
P. GAVLTIER.

*Extraict du Priuilege du Roy.*

PAR grace & priuilege du Roy, donné à Paris le 2. Septembre 1647. Signé, Par le Roy en son Conseil, LE IVGE, & scellé du grand sceau de cire iaune, Il est permis à M. IVLIEN BINETEAV Docteur en Medecine, de faire imprimer, vendre & debiter, vn Liure qu'il a composé, intitulé, *L'education parfaite des Enfans, & la maniere de les eleuer, tant aux sciences qu'aux vertus*, durant le tēps & espace de 5. ans, à compter du iour que ledit Liure sera acheué d'imprimer. Et defenses sont faites à tous Imprimeurs, Libraires, & autres, de l'imprimer, vendre, contrefaire, ny alterer, sans le consentement exprez dudit Exposant, sur peine de cinq cens liures d'amende, confiscation des exemplaires, & de tous despés, dommages & interests, ainsi qu'il est porté plus au long esdites Lettres de Priuilege.

*Acheué d'imprimer pour la premiere fois le 30. Decembre 1649.*

Les exemplaires ont esté fournis.

# PREFACE
## VTILE
### A L'INTELLIGENCE de ce Liure.

LES abus & les fautes qui se commettent à toute heure tant à la nourriture des Enfans, qu'aux façons & manieres de les éleuer & instruire, m'ont incité de mettre la main à la plume, pour suplier les Parens & les Maistres d'Ecole d'y prendre garde & d'y donner ordre. I'ay composé à ce dessein ce petit Traité pour leur faciliter le moyen de les reconnoître & d'y aporter du remede. Et afin que les matieres fussent plus intelligibles & plus claires, ie me suis seruy d'un discours commun & simple, n'étant pas necessaire dans des sujets bas & puerils d'vser d'vne grande eloquence & politesse ; lesquelles pour l'ordinaire flatent plus l'oreille & les sens, qu'elles ne les émeuuent, & sont plus belles & plus agreables, que profitables & necessaires.

S'il se fut treuué quelque personne, laquelle entre vne infinité de tres-doctes, qui traitent auiourd huy des matieres hautes & releuees, eut voulu se donner la peine de remontrer à tous les hommes la necessité tres-importante de la bonne education de leur posterité, veu que Horace tout payen qu'il estoit nous a enseigné que si on n'y donne ordre, elle se corrompt de iour en iour,

Ætas parentum, peior auis tulit
Nos nequiores, mox daturos
Progeniem vitiosiorem.

## PREFACE

& qui eut fait quelque petit recueil des choses necessaires à la correction des vices des ieunes gens, ie m'fusse teu fort volontiers, & i eusse esté rauy d'aprendre dans les écrits d'vn autre, ce qu il me faut coucher és miens, pour en faire part à ceux qui se voudront donner la peine & le loisir de les lire: mais tous les Eriuains cherchans de plus en plus des suiets excellens & sublimes pour faire montre de la bonté & viuacité de leur esprit, & de la profondeur de leur science, (la pluspart d'entr'eux écriuans plus pour leur auancement, que pour celuy des autres,) & personne ne s'abaissant iusques à vouloir aider & exciter l'esprit de la ieunesse à faire amas des vertus & des lettres, qui neantmoins sont plus excellentes & plus necessaires que tout le reste des choses de la terre, i'ay creu estre obligé de les secourir dans leur feblesse, &

## PREFACE.

de ne laisser pas perdre courage à ceux à qui la faueur de la nature a donné dans leur naissance un excellent naturel & de bonnes inclinations.

Plusieurs siecles se sont deja écoulez depuis la mort du sauant Plutarque, sans que presque aucun homme ait daigné suiure son dessein, & marcher dans le chemin qu'il auoit tracé de montrer aux parens la consequence de l'instruction de leurs enfans, & de décrire ce qu'il y a de necessaire: s'il ne se fust iamais apliqué à d'autres matieres plus releuees, les hommes auroient sujet d'estimer celle-ci trop basse pour occuper leur esprit, mais comme personne n'oseroit nier, qu'il n'ait esté autant habile, & aussi docte que ses discours sont beaux, & les traitez qu'il a faits excellens, ie m'estonne comme on n'a point entrepris celui-ci, aussi bien qu'il fit, & veu qu'il y a tant de si belles choses &

# PREFACE.

si necessaires à dire, & à faire, qu'elles meriteroient des Liures & des volumes tous entiers; il me suffira d'en raporter seulement aucuns poincts principaux, & de coniurer ceux qui ont & plus d'esprit, & plus de doctrine que moy, de mettre en meilleur ordre vn ouurage pareil à ce sujet, ou pour le moins d'écrire ce qu'ils iugeront auoir esté obmis dans celui-ci.

Quoy que dans quelques-vns de ces Discours ie taxe & blâme certaines methodes que l'on dit nouuelles, dont quelques-vns font tant de bruit, lesquelles en verité sont plus nuisibles que profitables, ce n'est pas pourtant mon dessein d'en blâmer les Auteurs ny les Sectateurs, & ie serois bien marry de leur porter preiudice en aucune façon; mais parce que i'ay voüé mes trauaux au public, en voüant mes seruices à l'instruction de la ieunesse, i'ay creu estre

A iij

obligé de decouurir le secret des tromperies qui y sont cachees, afin de desabuser la pluspart des plus credules qui adioustent foy à tout ce qu'on leur dit.

Si ie reprens aussi le peu de soin de beaucoup de parens enuers leurs enfans, ie les prie de croire que ce n'a iamais esté mon intention de les offenser, mais seulement de leur faire vne petite remontrance & priere qui leur doit estre vtile, & de leur donner vn petit mot d'auis (qui est le premier de ces Discours) qui leur seruira pour l'instruction de leurs Enfans, tant aux sciences qu'aux vertus; puisque tout le monde demeure d'accord que la premiere education est vne bonne ou mauuaise teinture, qui ne se peut oster, ny presque aucunement changer, & que d'icelle dépend le bon-heur ou malheur de toute cette vie & de l'autre, il estoit

## PREFACE.

bien necessaire d'en dire quelque chose qui peut seruir.

Ie n'ay pas aprofondi les matieres que Plutarque auoit autrefois traitées, parce qu'il n'y a rien à recercher apres vn tel auteur, mais ie me suis serui de quelques-vnes de ses pensees & raisons qui ont esté necessaires à mes Discours. Si l'on y treuue quelque chose à redire, ou que i'ay oubliée, ie prie les Lecteurs de lire le susdit Auteur, la Rhetorique, & autres œuures d'Aristote, où il en parle vn peu, M. de Montagne, M. de Grenaille en son liure de l'Honneste Garçon, & particulierement M. de Beaumont Euesque de Rhodez en son doctissime traité de institutione Principis, & cela supleera aux defauts qui seront dans ce Liure.

Quand ie parle de Maitres d'Ecole, ie n'entens pas seulement les Maitres publics qui sont dans tous les quar-

A iiij

tiers des villes, lesquels enseignent vne troupe de petits Enfans qui vont au matin & apres diner à l'Ecole, mais aussi quantité de Maistres particuliers, tant Prestres que Seculiers, mariez & non mariez, lesquels prennent des Ecoliers en pension ; car c'est d'ordinaire dans ces Ecoles priuées, & particulieres qu'on commet bien des fautes, ausquelles nous tascherons de remedier dans ces Discours suiuans ; pour le soulagement desquels Maistres, en la connessance des Esprits & des corps, des inclinations & affections, des methodes & instructions necessaires à la ieunesse, ils ont esté en partie composez ; sous le nom de Maistres d'Ecole, on doit aussi entendre les Precepteurs.

Ie sçay bien que plusieurs ne seront pas de mesme auis que moy, parce que les sentimens sont pour l'ordinaire aussi differens, que les Esprits sont diuers ;

# PREFACE

mais i'ose esperer pour le moins qu'autant de personnes consentiront à mon opinion, qu'il y en aura qui ne l'aprouueront pas.

I'ay principalement à remonstrer aux parens de ne point tant marchander auec les Maistres ausquels ils commettront leurs Enfans à instruire, tant à leur Maison, qu'és autres lieux; car pour ne leur vouloir pas octroyer ce qu'ils demandent, ils prendront peut-estre moins de soin apres eux, & ne les auanceront pas tant qu'ils feroient, s'ils eussent obtenu ce qu'ils pretendoient, & s'ils en esperoient quelque recompense; & bon marché qu'vn pere ou vne mere croiront auoir eu en cet endroit, sera plus cher, que s'ils y dépensoient dauantage d'argent, car leurs Enfans n'aprendront pas en trois annees, ce qu'ils auroient apris en deux, & ainsi leurs Etudes cousteront plus en marchandant qu'en ne marchandant point.

Aussi veux-je auertir les Maistres de ne point tant prolonger l'auancement de leurs Ecoliers, encor qu'ils n'en ayent pas beaucoup de profit, puis qu'en conscience ils sont tenus d'y faire tout leur possible (si neantmoins les parens le leur permettent) car il y a beaucoup de peres & meres qui ne veulent point qu'on presse leurs Enfans ; les Maistres doiuent demander leur volonté sur ce sujet, suiuant laquelle ils se gouuerneront, & non pas autrement, puisque les Enfans sont plus aux parens, qu'ils ne sont à leurs Maistres : & si les parens n'ont pas voulu permettre aux Maistres de leurs Enfans de les presser un peu, quand ils seront deuenus plus grands, & qu'ils n'auront pas apris, comme ils voudroient, qu'ils n'en reiettent pas la faute sur eux & qu'ils ne leur en fassent aucuns reproches, car en ce cas-là ils sont exems de blâme, & la faute en est toute sur les parens, puis que les Maistres n'ont pas voulu, & ne deuoient pas, faire contre leur volonté.

C'est pourquoy vn pere ou vne mere qui veulent faire instruire leur Enfant, ne doiuent point regler sa conduite au Maistre qu'ils prennent pour cet effet, pourueu qu'il en soit bien capable : mais ils doiuent s'en remettre entierement à sa discretion, & le laisser faire à sa volonté : car s'il est tel qu'il doit estre, il sçaura la maniere de le bien gouuerner : si toutefois il y auoit quelque defaut ou imperfection secrette que les parens sceussent, & qui ne fussent pas si faciles à decouurir, il est bon alors d'en aduertir le Maistre, afin d'y prendre garde & d'y donner ordre.

I'ay seulement traité du gouuernement de la premiere ieunesse, d'autant que les fondemens sont d'ordinaire de plus grande consequence que tout le reste de l'edifice : neantmoine il eut esté aussi necessaire de traiter de la conduite de l'adolescence, suiuant ce que Plutarque en a dit, mais ie croy que ce seroit en vain, parce qu'il s'est glissé vne mauuaise coustume dans toutes les familles, d'oster les Maistres & gouuerneurs aux ieunes hommes, si tost qu'ils ont atteint 16. ou 17. ans, lequel âge pourtant auroit encor plus besoin de frein & de conduite qu'auparauant, selon la pensee du Poete Lyrique,

Imberbis iuuenis tandem custode remoto
Gaudet equis, canibusq; & aprici gramine campi,
Cereus in vitium flecti, monitoribus asper, &c.

parce qu'alors ces ieunes gens commencent à frequenter de grandes compa-

## PREFACE.

gnies, où souuent il se commet beaucoup de mal, dans lequel ils se precipitent, s'ils n'ont vn homme auprés d'eux, la presence duquel les retient, tant pour le respect qu'ils luy portent, que de crainte qu'il ne les en blâme & n'en auertisse leurs parens, & comme nous voyons tous les iours la pluspart d'iceux se perd corps & ame dans de telles compagnies, pour la trop grande liberté dont ils iouyssent alors, laquelle ils ne sçauent pas bien menager; & parce qu'il y a souuent de mauuais & pernicieux esprits qui corrompent & peruertissent les meilleurs & plus innocens qui les frequentent. Si quelqu'vn iuge à propos de traiter de la conduite de l'Adolescence, qu'il s'en donne la peine, car sans doute la necessité qu'il en fera voir pourra seruir à beaucoup de personnes.

Si le pere ou la mere, ou autres parens ont esté suiets à quelque imperfetion ou indisposition, & qu'ils ayent obserué que leurs Enfans y auoient vn peu d'inclination & de sympathie, ou s'ils craignent qu'auec l'âge ils n'y en ayent, ils sont alors obligez de laisser vn bon & prudent gouuerneur auprez d'eux pour y auoir égard, iusques à tant que leurs enfans soient en âge d'estre mariez, ou de pouuoir honnestement & iudicieusement se conduire ; car tost ou tard ils se laisseront emporter à cette imperfection ou vice, si le respect & la crainte de leur gouuerneur, ou le iugement, la raison, & la bonne conduite ne les en empesche.

En vn mot, ie prie tous les parens de considerer que leurs Enfans sont eux-mesmes, puis qu'ils sont leur propre substance, & qu'ils en doiuent auoir autant de soin que de leur propre personne : s'ils sçauoient auoir besoin de quelque chose, qui fust tout à fait necessaire à l'auancement de leur fortune & de leur honneur, ils n'épargneroient ny peine ny trauail, ny biens, & feroient tout leur possible pour l'acquerir; Puis donc qu'ils sçauent que la vertu & les lettres sont entierement necessaires à l'auancement de leurs enfans, qu'ils ne soient pas si tenans en cet endroit, qu'ils ne cherchent pas le meilleur prix, mais les meilleurs & plus habilles Maistres d'École, & qu'ils ne s'en rapportent pas seulement à leurs femmes, moins encor à des seruiteurs qui manient les reuenus de leur maison, lesquels pour se faire aimer de leurs Maistres, ou pour profiter sur la pension des Enfans, épargneront quelque chose, & feront tort à leur instruction, mais qu'ils se donnent eux mesmes la peine de penser aucunefois à leur education, puis qu'elle est de telle importance non-seulement pour leurs Enfans, mais encor pour leur coutentement, & celuy de toute leur famille.

Et quand ils prendront vn Precepteur ou Maistre d'Ecole pour les enseigner; qu'entre toutes les autres conditions necessaires à cet exercice, (lesquelles nous décrirons au Discours huictiesme) ils preferent celles-ci, à sçauoir l'experience & les talens de bien & iudicieusement enseigner la ieunesse; car la nature & le long vsage ont donné de bons talens pour cet effect à certaines personnes qui ne paroissent pas des plus doctes, qui neanmoins instruiront mieux, plus iudicieusement, & plus aisément les Enfans, que ne feront les plus sçauans & plus habiles personnages du monde, qui n'auront point ces talens, & qui seront sans vsage & sans experience.

I'ay obmis beaucoup de choses dans les chapitres qui traittent du gouuernement

ment des Enfans, & des conditions d'vn
Precepteur ; mais parce que nous en
auons dit la plus grande partie és autres
Chapitres, i'ay iugé plus à propos de ne
les pas reïterer, de peur d'ennuyer le
Lecteur qui ne se plaist pas d'entendre
deux fois vne mesme chose.

    Il y a aussi quelques autres omissions dans le Discours qui traite du deuoir des Enfans enuers leur Maistre & autres personnes ; mais d'autant qu'elles ne sont pas de grande consequence, que l'on en a raporté aucunes autre part, & qu'on en peut lire la meilleure partie dans le Liure de la conuersation familiere entre les Ecoliers, & dans la ciuilité puerile, i'ay creu qu'elles n'estoient pas si necessaires, & qu'il valoit mieux les passer sous silence, afin que ce Liure qui traite de petites matieres, fust aussi petit en sa quantité.

Sous le nom d'education des Enfans, on pourroit aussi bien entendre les filles que les garçons : mais parce qu'on ne leur enseigne pas le Latin, ny les autres sciences, nous n'entendons icy que les Enfans masles : ce n'est pas que l'instruction des filles ne soit bien necessaire, puis qu'elles sont la moitié des hommes ; mais veu qu'elles ont souuent d'autres mœurs, humeurs, & inclinations, & que la debilité & mollesse de leur sexe les rend incapables de beaucoup de choses, à quoy le sexe masculin est propre, leurs Maistresses ne se seruiront point de ces discours pour leur instruction, si elles ne sont bien iudicieuses pour discerner ce qui leur est vtile d'auec l'inutile : i'espere neantmoins auec l'aide de Dieu & le temps leur bailler vn autre petit ouurage, qui pourra tout autant leur seruir, que celui-ci aux autres Maistres d'Ecole.

## PREFACE

Dans le Discours où ie parle des esprits qui sont propres aux lettres, quand ie dis qu'il seroit plus à propos de ne faire estudier que ceux qui ont de l'inclination & des dispositions aux sciences, ie n'entens pas qu'il ne faille du tout rien faire apprendre à ceux qui ne s'y portent point, car ie sçay bien qu'il est pour ainsi dire necessaire à tous les hommes de sçauoir lire & écrire, ou au moins que ce leur est vn bel ornement, mais ie dy seulement qu'il ne leur faudroit point enseigner le Latin ny les autres sciences ; ce qui n'empesche pas qu'ils n'apprennent la lecture & l'ecriture ; car ainsi que nous dirons, ces choses-là ne sont pas si difficiles que le reste, & ne demandent pas tant d'attention ny de trauail d'esprit.

Ie parle des Ecoles, des methodes, & quelles sciences on doit les premieres enseigner aux enfans, parce qu'il y a beaucoup d'abus sur ce sujet. Ie traite de leur gouuernement, des conditions d'vn Maistre d'ecole ou Precepteur, d'autant que ces choses icy sont bien necessaires, & que l'on y commet aussi beaucoup de fautes.

Dans cette Preface icy ie parle de plusieurs choses, lesquelles i'eusse peu inserer dans le corps du Liure, mais de crainte de faire les Discours trop longs & ennuyeux, i'ay mieux aimé les rapporter dans ce commencement.

# ADVIS
## NECESSAIRE A TOVS LES PARENS,

*Touchant l'education de leurs Enfans.*

### DISCOVRS I.

SI tous les avátages que nous auons au dessus des bestes & des creatures inanimees viennent de l'esprit que Dieu a inspiré dans nostre corps, s'il est le principe de la vie, si c'est luy qui nous fait hommes, s'il est immortel & incorruptible, s'il est enfin le vray portrait & la viuante image de la diuinité. Certes nous sommes tenus d'en auoir plus de soin que de nostre corps, qui nous est commun auec les bestes, & qui est mortel & suiet à corruptió; mais nous sommes tellement attachez aux sens brutaux de nostre nature, (lesquels neanmoins prennent toute leur action & sentiment de l'esprit humain qui les anime,) que nous ne pensons qu'à les contenter, & ne nous mettons pas dauantage en peine de nostre esprit que s'il ne nous estoit point necessaire.

C'est ce qui a incité tant de Philosophes à dire que la pluspart des hommes estoient fols & sans esprit, puis qu'ils ne s'en seruoient pas bien, & qu'ils ne luy faisoient pas atteindre la perfection qu'il meritoit. Pour le perfectionner, il faudroit soigneusement le cultiuer, & tâcher d'en deraciner les épines & mauuaises herbes qui offusquent les bonnes qu'il produit assez souuent. M. Bacon, ce docte Chancelier d'Angleterre, auoit raison de s'étonner dequoy, non seulement les hommes en general ne cultiuoient point leur esprit, mais mesme que tant d'excellens auteurs qui ont laissé des merueilles par écrit depuis que le monde est monde, n'ont point neanmoins traité ce sujet, n'ont baillé aucuns preceptes de cela, & n'ont point decouuert l'industrie & les moyens de le cultiuer vtilement. Ie sçay bien que quelques-vns nous ont asseuré que pour y bien trauailler, il falloit y commencer dés le commencement de la vie, mais cependant personne n'a voulu approfondir ny decrire au long cette matiere, beaucoup plus vtile & plus necessaire qu'vn milion d'autres, desquelles on a fait des volumes entiers.

Comme ie connois mes forces & mon esprit trop foibles pour venir à bout d'vn affaire de tant de consequence & de si longue haleine, aussi ne suis-je pas si temeraire que de l'entreprendre, ie le laisse à d'autres plus doctes & plus ingenieux que moy qui pourront dire autant de choses vtiles & necessaires sur ce sujet que i'en dirois peut-estre d'inutiles & de superfluës : mais puisque l'experience que i'ay faite il y a long temps des esprits des Enfans, sur lesquels i'ay obserué beaucoup de choses dignes de remarque, m'a donné quelque connoissance, i'oseray dire mon sentiment sur leur education & sur les moyens

de les aider & secourir dans leur foiblesse, & de cultiuer leur esprit dés
leurs plus tendres annees, d'où asseurement depend la totale perfection des hommes.

Plusieurs Philosophes & grands
personnages des siecles passez ont
grandement blâmé les hommes de
leur temps d'auoir negligé l'education de leurs enfans, asseurans que
c'est elle d'où procede d'ordinaire
le contentement ou deplaisir des
peres & meres. Entre tous les autres,
Auguste, cet autant sage qu'inuin-
cible Empereur, reprit vn iour certaines femmes de ce qu'elles mettoient tout leur soin à polir & dresser leurs chiens, chats, & autres semblables, & laissoient viure leurs enfans grossiers, & inhabiles à toutes choses. Qu'eust-il peu dire s'il
eust regné de nostre siecle, & qu'il

eust veu les Dames d'apresent passer les iours & les nuits apres de telles sottises & badineries, les acheter au poids de l'or, & en faire leurs dieux, aussi bien que iadis les Egiptiens? & cependant laisser à l'abandon leurs pauures Enfans, les chasser de leurs maisons, ne les voir quelquefois de dix ans, & s'en mettre moins en peine que des bestes? ô méchancetez intolerables! ô crimes abominables! ô barbaries execrables! ces personnes là sont-elles dignes d'estre meres? meritent elles d'auoir des enfans? que ne sont-elles steriles? & que ne sont elles l'opprobre & l'infamie du monde, & la malediction du Ciel, côme iadis chez les Hebreux? Ces choses sont incroyables qu'vne mere ait moins de soin de son propre sang que d'vne beste; Et neanmoins ie n'auance rien qui ne soit tres-veritable, & dont ie n'aye des témoins irreprochables, qui les ont considerées auec des yeux de pitié & de compassion: Car sans alleguer beaucoup d'exemples, ie sçay des Enfans de condition de l'vn & l'autre sexe, qui ont valant plus de cent mille liures chacun, qui, lors que i'écris, sont paruenus à l'âge de 12. & 13. ans, & ne sçauent pas dire la moindre priere, à peine peuuent ils faire le signe de la Croix, plus sauuages que les bestes, qui fuyent dans vn cachot, si tost qu'ils apperçoiuent vne personne entrer dás leur court, ne sçauent presque pas parler, vestus plus mal que des fils des plus pauures villageois, & souuent si nuds, qu'ils transissent de froid au moindre souffle de vent, & beaucoup d'autres choses que i'ay seulement horreur de penser. Et quand de tels Enfans auront atteint plus d'âge, ne vous estonnez pas s'ils sont de vrais bestes, & s'ils sçauent aussi mal ménager leurs reuenus, que leurs parens ont eu de peine à les amasser.

Combien voit-on de peres & de meres qui se repentent d'auoir mis au monde des Enfans qui les affligent & tourmentent iour & nuit? d'où croyez-vous que prouiennent toutes ces fâcheries, & les desobeissances & le mauuais traitement qu'aucuns font à leurs parens, sinon de la vie libertine & méchante, à quoy on les a laissé accoustumer pendant leur ieunesse, si on les auoit soigneusement eleuez, ils n'auroiét pas contracté de si pernicieuses habitudes, & ne rendroient pas tant de mecontentement à leurs parens,

au lieu de la satisfactió qu'ils en deuoient esperer. Ne vaudroit-il pas
mieux depenser la moitié de leur
bien à les faire soigneusement instruire aux lettres & à la vertu, puisque (pour ainsi dire) la seule education des enfans les distingue d'a-
uec les animaux irraisonnables.

C'est à vous, Peres & Meres, &
autres parens, que Dieu demandera
conte des actions de vos Enfans,
puis qu'il vous les a donnez pour les
éleuer & instruire à son seruice: & si
iamais estans deuenus plus grands
ils commettent des méchancetez &
des crimes, vous en répondrez en
personne, si vous auez negligé leur
ieunesse, d'où depend le reste de la
vie. Quand l'humeur vous prendra,
ou qu'on vous rapportera d'vn ieune homme, ou d'vne fille qui chante & danse à merueilles, vous n'épar-

gnerez point cent, voire deux cens piſtolles pour faire apprendre aux voſtres à chanter, à danſer, à ioüer des inſtrumens, faire des armes, &c. & vous auriez regret de dépenſer 30. ou 40. piſtolles pour leur faire apprendre la vertu & les ſciences. S'il y a vn bon Maiſtre pour danſer ou pour chanter, à quelque prix que ce ſoit vous le voulez auoir: & s'il faut vn Maiſtre à vos Enfans pour la vertu, vous marchandez auec lui dauantage que vous ne feriez pour acheter vn cheual, & vous prendrez celuy qui ſe trouuera au moindre prix, encor que vous connoiſſiez bien qu'il eſt moins ſçauant & experimenté qu'vn autre, qui vous couſteroit vn peu dauantage: Sçauez-vous ce que valent la vertu & les ſciences? demandez le à cet ancien Philoſophe, qui n'en voulut point

## DE LA IEVNESSE.

faite de prix? asseurant qu'elles sont plus precieuses que toutes les choses du monde. Sçauez-vous quelle peine donnent vos Enfans? Si vous en auez fait l'experience durant 5. ou 6. iours seulement, vous connoistriez que toutes vos richesses ne sont pas suffisantes pour recompenser les trauaux d'vne personne qui aura soigneusement eleué & instruit vos enfans? Il n'y a laquais ny seruante dans vostre maison qui ne vous couste autant qu'vn Maistre pour vos Enfans, & souuent vous leur donnerez de meilleures recompenses; quoy qu'vn pauure homme, qui aura passé les deux tiers de sa vie apres les etudes pour en faire part à vos enfans, sera quelquefois huict heures le iour à se rompre la teste pour leur faire comprendre & apprendre vne difficulté, & leur attacher vne mauuaise inclination.

Dites apres cela que vous auez soin de l'education de vos Enfans, & que puis qu'ils sont pour faire reuiure vos personnes dans vos charges que vous leur laissez sans doctrine, vous voulez qu'ils imitent vos actions, amassez leur tant que vous pourrez de richesses & de grandeurs, mais apprenez de Bion que *Auaritia est omnis improbitatis metropolis*, l'auarice est la ville metropolitaine & la mere de tous les vices. Si vous leur laissez beaucoup de biens sans sciences & sans vertus, ils seront encor plus auares que vous, ou les depenseront en moins de temps que vous n'en aurez mis à les amasser : ( ce qui se void plus souuent que tous les iours, ) faites tout ce qui vous sera possible pour vostre contentement & leur auancement,

cement, mais sçachez qu'Epictete & Isocrates vous ont laissé par écrit cette verité infaillible, que vos Enfans ne seront jamais si heureux dans ce monde pour leurs richesses que pour leur doctrine, *liberi doctiores quam ditiores relinquendi sunt.*

Or comme l'amour & l'inclination des hommes sont bien differentes, aussi se treuuent-il des personnes qui bien moins que de laisser à l'abandon leurs Enfans, preferent souuent leur education à toutes leurs affaires. Ces parens-là sont dignes du doux & *Claudian.* agreable nom de pere, & meritent autant que Dieu benisse & fasse prosperer leur famille, que les autres en sont indignes. Ie sçay d'honorables personnages qui prennent eux-mesmes la peine de considerer tous les iours ce que font leurs Enfans, & s'ils auancent aux sciences & à la vertu, &

ceux-là peuuent s'asseurer qu'ils receuront plus de contentement des bonnes instructions de leurs Enfans, quand ils seront en âge de paresstre, qu'ils n'y auront pris de peine.

Combien y a il d'hommes mariez qui voudroient auoir donné la moitié de leur bien aux pauures, & auoir vn Enfant, duquel ils promettroient de faire vn oracle, qui neanmoins en seront toute leur vie priuez, parce que sans doute la diuine prouidence connoist qu'ils seroient peut-estre aussi mal à son education que les autres qui en ont plus qu'ils n'en voudroient; ou pour quelqu'autre raison à nous inconnuë. Ceux-ci ne sont pas du sentiment du venerable Phocion, aussi ne sont-ils pas si sages ny si doctes, qui souhaitoit encor d'autres Enfans, non pas pour leur amasser des richesses, mais pour les dresser à la vertu, car il ne voulut laisser à son fils autres biens que la vertu & l'honnesteté, qui valent mieux que toutes les richesses de la terre, quoy qu'il ne tenoit qu'à luy d'en amasser iustement, ou pour le moins de receuoir les presens qu'on luy offroit à toute heure.

Mais dans l'amour que les parens ont & doiuent auoir pour leurs Enfans, il y a souuent de grands defauts, car presque dans toutes les maisons les fils ainez sont cheris & idolatrez, & les cadets negligez comme bastards; faute que tout le monde connoist, & à quoy personne ne donne ordre. Si vn Enfant a le moindre defaut, on le neglige, au lieu de le cultiuer plus soigneusement, afin de reparer de bonne heure ce qui peut y auoir de manque. S'il a quelque imperfection, ou qu'il ne soit pas si beau de visage, ou si adroit en ses actions, on le laisse à l'abandon, & le plutost qu'on peut, on l'éloigne de la maison, on le iette dans vn Cloistre malgré sa volonté & ses inclinations ; où de dix mille iettez de cette façon, il n'y en aura peut-estre pas deux qui se sauuent. Puisque nous rendrons raison à Dieu de la moindre parole oiseuse que nous aurons dite, que ferons nous des actions vicieuses & des crimes ? Ie sçay bien que la nature donne plus d'affection pour quelques-vns que pour d'autres, mais veu que tous les Enfans sont autant les vns que les autres, ces affections & ces inclinations là sont assez souuent iniustes & méchantes, puis qu'elles sont échauffées par le diable qui nous excite sans cesse aux choses qui sont contraires à la nature, à la raison & à la iustice.

Ie veux bien qu'on porte de l'affection aux ainez & mieux faits, mais il ne faut pas negliger les cadets & moins adrets, & les abandonner entierement, puis qu'ils ont autant cousté de peine à mettre au monde, & qu'ils sont composez d'vn mesme corps & ame, d'vn mesme sang, & des mesmes parties, ils doiuent estre égaux; & Dieu permet souuent que les cadets à la fin du temps surpassent leurs ainez en toutes choses, quoy qu'on ait moins pris de peine apres eux.

C'est donc à vous, Peres & Meres, à prendre garde à vos affections, & à les partager iustement à vos enfans, aussi bien que vos richesses: mais sur tout que ces affections-là soient pour leur auancement & perfection, & non pour leur perte & dommage: si vous en voulez faire d'honnestes gens, donnez-y ordre dés leurs premieres annees : & pour cet effect faites-leur prendre de bon plis pour la vertu & pour les lettres : puis qu'à present dans le monde on ne fait point d'estat d'vn ignorant, qui au dire d'vn grand Philosophe, est le plus lourd fardeau que la terre puisse porter, tâchez de les faire deuenir doctes, honnestes & vertueux.

Les chemins sont diuers & differens pour acquerir les sciences, il y en a de plus courts les vns que les autres : & comme les Esprits sont dissemblables, il y en aura de propres à ceux-ci, qui ne le seront pas à ceux-là : ce qui nous a esté enseigné par Plutarque quand il a dit, que certains Enfans n'apprendront pas d'vne façon, qui apprendront d'vne autre, & qu'ils ne feront rien sous vn Maistre, mais qui pourroient faire merueille sous vn autre, à cause qu'il y a de la sympathie & antipathie aussi bien pour les inclinations & mouuemens de l'esprit, que du corps. Ces chemins là sont d'ordinaire de deux ordres, à sçauoir de les mettre aux Ecoles ou Colleges, ou de leur donner vn Precepteur qui les instruise à la maison. Mon dessein n'est pas de prouuer quel chemin est le meilleur, parce que, comme nous dirons cy-apres, on void des Enfans qui ne font rien à la maison, qui feroient fort bien aux Colleges : Et d'autres au contraire, qui n'auancent point aux Ecoles, lesquels feroient merueilles à la maison. Mais i'ay seulement desir de vous bailler quelques aduis en general sur leur education, le choix des deux dépend de vostre volonté. Ie dy neanmoins que ceux qui ont le moyen d'auoir vn Maistre à la maison, feront mieux de les y faire instruire, si principalement ils sont foibles & delicats, tant pour la santé de leur corps, qui y sera mieux nourry & gouuerné, que de leur esprit, qu'vn Precepteur pourra plus soigneusement cultiuer, n'estant occupé qu'apres vn ou deux; au lieu qu'aux Ecoles & Colleges les Maistres ont affaire à beaucoup d'Ecoliers, & qu'ils ne peuuent pas mettre bien du temps apres vn; & qu'vn homme connoistra mieux le naturel & les dispositions d'vn Enfant seul que de plusieurs, qu'il ne sonde pas à toute heure; veu que, comme nous dirons, és Ecoles il y a d'ordinaire de méchans & vilains esprits, qui gastent & corrompent les meilleurs & les plus chastes : adioustez que si vous prenez vn honneste-homme pour enseigner vos enfans chez vous, il pourra donner quelque heure le iour pour apprendre à prier Dieu, mesme à lire à vos pauures laquais, & autres seruiteurs, qui ne sçauent guere mieux viure que des bestes, desquels vous rendrez vn iour conte à Dieu, puis que vous estes tenus d'auoir autant de soin de leurs ames que de leurs corps: La pluspart se perdent parmi les débauches, & se font pendre, pour auoir esté trop libertins & volontaires pendant leur ieunesse, & n'auoir point eu d'occupation, qui les eust retiré des vices : Combien y en a-il qui aprendroient quelque chose, si on les instruisoit vn peu, qui embrasseroient le chemin de la vertu, s'ils en auoient la moindre connoissance, qui sont contraints de viure comme des animaux sans raison, pour n'auoir personne qui se donne la peine de les aider & secourir dans leur ignorance.

Seneque qui ne s'attendoit pas de receuoir à la fin de ses iours vn si mauuais traitement de son Disciple, m'aprend que les Maistres qui ont enseigné des enfans, se réiouyssent de voir qu'ils sont bien mesme hors de leurs mains, parce qu'il leur en reuient de l'honneur d'auoir autrefois contribué à leur bonne instruction. C'est la mesme raison (Messieurs) qui m'a fait mettre la main à la plume pour vous témoigner le ressentiment que i'ay de voir, que Messieurs vos enfans (lesquels i'ay eu autrefois l'honneur de gouuerner) s'auancent à la vertu & aux lettres: c'est l'vnique profit que i'ay tiré de mes peines, que la ioye qui me reste de les aller souuent visiter és grands Colleges & autres lieux, où ils se font admirer; & c'est de leur instruction & gouuernement que i'ay tiré beaucoup d'exemples qui me seruiront au suiet que ie traite. I'en apporte quelques-vns, parce qu'Aristote m'aprend que les exemples sont plus puissans & incitent dauantage que les raisons & les paroles.

Si tous ceux que i'ay eu autrefois l'honneur d'instruire n'ont pas fait si bien les vns que les autres, raportez-vous-en à Ciceron, qui tient pour asseuré, que tous les esprits ne font pas de semblables fruits ; ce qui est arriué, ou pour n'auoir pas tous le mesme esprit, ou la mesme volonté, ou faute de quelqu'autre disposition necessaire, à quoy ie n'ay peu remedier.

Des connoissances que i'ay tirees de l'experience que i'ay faite, plutost que de ma science & de mon esprit, i'ay composé ces méchans Discours touchant l'education des enfans. Il faudroit des volumes entiers pour en traiter parfaitement, mais comme ie ne suis pas si temeraire que de l'oser entreprendre, aussi me contenteray-je de dire auec Virgile,

*Non ego cuncta meis completti versibus opto:*
*Non mihi si linguæ centum sint oraque centum, &c.*

Ie vous offre seulement ce que i'en ay peu recueillir; en quoy vous remarquerez peut-estre quelque chose que vous aurez eu en pensee de faire, touchant l'instruction de Messieurs vos enfans; si elle vous peut aucunement seruir, i'auray toute la recompense que i'attends de mon trauail, qui est d'auoir seulement merité l'honneur de vous agreer.

I'espere que ce petit ouurage pourra estre vtile à ceux qui ont des enfans, qui ne sont point encor és mains d'aucuns Maistres, afin de iuger ce qui leur semblera meilleur & plus à propos pour les bien commencer: Il pourra en quelque façon aussi seruir aux parens de ceux qui sont és Ecoles & Colleges, & que l'on instruit à la maison, pour considerer si leurs forces sont capables de suporter la fatigue des etudes, s'ils sont entre les mains de personnes necessaires à leur education, & s'ils sont en bon chemin, tant pour les lettres que pour la vertu; Enfin i'espere que tous les parens & les Maistres d'Ecoles y treuuerōt quelque chose qui les pourra éclaircir sur aucuns doutes & incertitudes, où ils feront, & qui leur facilitera la connoissance des esprits, de leur conduite, & des instructions propres à leur auancement.

Au reste, és mains de qui que vous mettiez Messieurs vos enfans, prenez vn homme qui en soit capable, & qui fasse de leur personne & de leur esprit la mesme chose que Plutarque raporte d'vn Maistre Lacedemonien, qui promettoit d'apprendre aux enfans à deuenir honnestes, & à fuïr les vices; puis qu'ils seront assez habilles & assez doctes, pourueu qu'ils soient vertueux & bien honnestes; Et retenez de Socrates, aussi bien que des autres Philosophes, que vous deuez plutost laisser à vos enfans des sciences & des vertus que des richesses; d'autant que quand vous leur laisseriez apres vostre mort des montagnes d'or, & la plus auantageuse fortune du monde, ils ne pourront la bien ménager s'ils sont ignorans, & seront aussi peu capables dans vos biens que dans les lettres.

*Liberi doctiores quam ditiores relinquendi sunt.*

## QVELS ESPRITS SONT
### les plus propres à l'étude des Lettres.

## DISCOVRS II.

LA coustume des anciens Grecs estoit fort loüable, lesquels auant que de rien faire aprendre à leurs enfans quand ils commençoient d'auoir vn peu de raison & de iugement, les menoient dans vn arsenal, ou vne grande salle remplie de Liures & d'instrumens de toutes sortes d'arts, & les y ayans quelque temps promenez, & fait considerer tout ce qu'il y auoit, laissoient à leur choix & discretion d'élire ce qui leur agreoit ; que s'ils auoient

auoient choisi vn Liure, on les mettoit à l'étude des lettres; si au contraire ils auoient pris vne épée ou autres armes, on les éleuoit à l'art militaire; enfin on leur faisoit apprendre les choses à quoy ils s'estoient premierement portez, iugeant de là qu'ils y auoient beaucoup d'inclination, & de grandes dispositions, & qu'il estoit plus à propos de leur donner ce qu'ils demandoient, que de contraindre leur naturel à embrasser ce qu'ils fuyoient.

Tout le monde demeure d'accord que les esprits sont bien differens, & qu'ils ont diuerses inclinations; mais principalement le plus sçauant des Naturalistes nous a laissé dans ses escrits cette verité, quand il dit, que tous les hommes ne se portent pas à vn mesme genre de vie; les vns se plaisent aux armes; les autres aux

D

lettres: & mesme dans vn seul art comme il y a diuerses façons d'agir, ainsi des esprits s'y portent diuersement; car pour exemple, dans l'art militaire aucuns se plairont plus au cóbat naual, & y seront plus adroits, d'autres à l'assiegement des villes, &c. Dans les sciences plusieurs s'estudient à la Philosophie, qui ne se plaisent point à la Grammaire, & au contraire: quelques-vns se porteront aux Mathematiques, mais encor diuersement ceux ci plus à l'Astrologie, ou à la Geometrie, ceux-là à l'Arithmetique, à l'Optique, ou aux instrumens mechaniques, & ainsi du reste: ce qui prouient d'vne sympathie & correspondance d'humeur qui est plus conforme auec vn suiet qu'auec d'autre.

Certes au temps où nous sommes la regle de ces Anciens-là seroit bien necessaire, car il est veritable qu'on ne gâteroit pas tant d'esprits & de corps à les gehenner aux lettres qu'ils abhorrent, & ausquelles ils n'ont aucunes dispositiõs ny inclinations, comme aussi on n'en perdroit pas d'autres à des arts qu'on leur fait embrasser malgré leur volonté, qui feroient merueilles, si on les instruisoit aux sciences. C'est la raison pourquoy nous voyons peu d'enfans étudier de leur propre mouuement, & s'y porter auec affection, parce qu'ils n'ont pas eu en leur choix cette vacation, qu'ils n'auroient peut-estre pas prise, s'il leur eust esté permis d'en faire l'election. Il y a plus de dix mille enfans à present qui passent toute leur ieunesse apres les Liures, qui à la fin de leurs études ne sçauront rien de bon, & se seront gasté le corps & affoibly l'esprit, lesquels auroient peu exceller en quelqu'autre art sans s'incommoder ny du corps ny de l'esprit, si on les y eut employez; y ayans des inclinations dés leurs premieres annees. Estant tout asseuré que tous les hommes apportent en naissant de grandes inclinations & dispositions, ou pour le bien, ou pour le mal, pour les armes, ou pour les lettres, &c.

Ce n'est pas qu'il faille totalement remettre ceci à leur discretion, car encor qu'ils ayent choisi ce qui leur sembloit propre dés le commencement, il ne s'ensuit pas qu'ils doiuent tout le reste de leur vie y auoir les mesmes inclinations & dispositions, car il arriuera peut-estre qu'elles se changeront auec l'âge; il seroit neanmoins bon de les mettre pour quelque temps aux choses qu'ils auront éluës : Que si on remarque que leur inclination se change, qu'ils n'y ont

## DE LA IEVNESSE.

plus tant d'affection, ou qu'ils s'en dégouſtent, on pourra les porter à ce qu'on iugera plus ſortable à leur humeur, & plus vtile à leur auancement.

Ie ſçay bien que Ciceron & Plutarque tiennent, qu'il n'y a point d'eſprit ſi dur ny ſi groſſier qui ne ſe façonne & ſe poliſſe auec le ſoin & le trauail, de meſme que le diamant deuient enfin maniable à force de coups de marteau, & partant qu'on peut aucunement changer les inclinations qu'ils ont des leur naiſſance, & qu'à la longue auec peine & trauail on pourra peut-eſtre leur faire quitter tout ce qu'il y aura de mauuais.

*Labor omnia vincit improbus.* Virg.

A cauſe dequoy on dira qu'il ne faut pas croire en cecy leur humeur, ains qu'on doit leur bailler ce qu'on iuge propre à leur auancement : Mais outre que les mesmes auteurs asseurent qu'il arriue rarement qu'vn homme se demette & se defface totalement des choses à quoy non-seulement la nature, mais encor l'habitude le portent; quand on le forceroit toute sa ieunesse, au contraire, il ne pourra iamais rien apprendre contre son inclination, sans faire grand tort à son corps & à son esprit, puis qu'il y aura de la repugnance & de l'auersion; & ce qu'il sçaura, sera beaucoup moindre, que ce qu'il auroit appris sans tant de peine & d'incommodité, si on luy eust baillé ce qu'il souhaitoit; & si mesme il luy faudra trois fois plus de temps pour y arriuer.

Disons donc qu'il seroit plus à propos de mettre seulement aux sciences ceux qui s'y portent de leur propre mouuement. Mais afin de contenter le desir de quelques parens qui souhaitent de faire estudier leurs enfans mesme contre leur inclination, considerons quels esprits sont les plus propres aux lettres, & comment l'on pourra y en porter quelques vns qui y auront de la repugnance.

Dieu ne s'est pas moins fait voir admirable à la creation des esprits que des corps, car comme il y a vn nombre infiny de visages qui sont tous differens, ainsi prés que tous les esprits sont dissemblables, & il ad-uient aussi rarement que deux esprits se rapportent entierement que deux visages, quelle merueille pourtant que tous des esprits enfermez dans le corps composé des mesmes parties, & se seruans des mesmes organes, soient si diferens que de cent mille à peine en trouueres vous deux

D iiij

qui se ressemblent totalement.

Or puisque dans vne infinité il est impossible de connoistre en particulier les inclinations, dispositions, & humeurs de toute cette diuersité d'esprits, disons en quelque chose en general. Surquoy ie remarque qu'on peut proprement les reduire à trois ordres: car il y a des inclinations qui se portent à vne chose, & n'ont point d'auersion des autres; d'autres qui ont vne si grande auersion & repugnance à quelque chose, qu'on ne sçauroit iamais les y porter; & d'autres qui sont indifferens à toutes choses, & n'ont pas plus d'inclination à celles-ci qu'à celles là. Ceux qui ont de l'inclination aux sciences, & dont l'humeur conuient auec les lettres, y doiuent y estre appliquez, & ceux-là y feront merueilles; puisque Pline nous apprend que certains esprits apportent en naissant vne disposition aux lettres, & qu'ils s'y portent tout d'vn coup, sans y estre poussez. Ceux qui n'y ont point d'affection ny de disposition, mais toute sorte de repugnance & d'auersion, n'y doiuent pas estre employez, car iamais ils n'y feront rien, perdront leur temps, leur santé & leur esprit, & vous vous romprez la teste apres eux, sans les pouuoir reduire à leur deuoir,

*Tu nihil inuitâ dices facies-ve Minerуâ.* Hor.

Le mesme Naturaliste dit qu'il y a des Esprits grossiers qui n'ont pas plus d'inclination à vne chose qu'à d'autres, & que ceux-là sont propres à tout ce qu'on voudra leur enseigner; parce que leur indifference fait qu'ils n'ont point de repugnance à aucune sorte d'exercice, à cause dequoy on doit les faire instruire aux lettres; veu qu'il n'y a point de doute que leur esprit estant bien cultivé, pourra produire quelque bon fruict, puis qu'il ressemble à vne terre neuve, qui est propre à toutes sortes de semences. Toutefois entre ces humeurs indifferentes, i'en remarque certaines que leur stupidité & manquement d'esprit empesche de se porter à aucune chose, qui sont lâches à tout, & ne cherchent que du repos, & des choses grossieres, qui ne visent qu'à contenter leurs sens corporels, & ne touchent point à leur esprit. Or ces stupides & brutaux sont encor aussi peu propres aux lettres, que ceux qui en ont vne totale auersion; & il en faut moins esperer de progrez que des autres; puisque l'inclination de ceux-là peut changer auec le temps, mais l'esprit grossier

& stupide de ceux-ci ne changera iamais, vous perdrez vostre peine, vostre temps & vostre industrie à instruire ces bestes, & vous apprendriez plutost le manaige à vn asne, que les lettres à ces brutaux.

*Infelix operam perdas: vt si quis Asellum,*            Horac.
*In campo doceat parentem currere fræ-nis.*

Quand ils auroient le plus habille Maistre du monde, il n'y fera rien, & mesme quand il leur feroit naistre l'enuie de se porter diligemment à l'étude, ils n'auanceront point, puis qu'Horace nous apprend que l'étude sans l'esprit & la disposition ne sert de rien.

*Ego nec studium sine diuite vena,*
*Nec rude quid prosit video ingenium: alterius sic*
*Altera poscit opem res, & coniurat amicè.*

Tout ainsi que de la substance & des qualitez du sang on iuge de la santé du corps; ainsi des conditions & dispositions du sens doit-on iuger de la bonté de l'esprit ; & selon que l'esprit fera, quand le corps aura ses forces & sa perfection, vn enfant en donne desia des arrhes & des signes euidens quand il commence tant soit peu à raisonner. Aussi s'il est lâche, efféminé, stupide, hebeté, sans raison, & sans addresse dans ses années pueriles, il y a beaucoup à craindre que tout le reste de la vie ne s'en sente, puisque cela vient de la nature qu'on ne sçauroit changer, quoy qu'on puisse aucunefois changer les mœurs,

*Quod natura dedit tollere nemo potest.*
Si au contraire il a l'esprit éueillé & paroist adroit à ce qu'il fait, a vn peu de iugement,&c. il en faut auoir bon-

DE LA IEVNESSE. 61

ne esperance ; car Aristote nous enseigne que la nature d'vn enfant concourt auec l'exercice & la doctrine du Maistre pour son instruction. Ce n'est pas neanmoins qu'vn enfant ne change de façons de faire à mesure qu'il croist, & que son iugement & sa raison ne se perfectionent vn peu, quand l'esprit est bien cultiué, & suiuant le dire de Virgile, les laboureurs font deuenir plus doux & plus agreables les fruits qui sont âpres & amers, en cultiuant les arbres soigneusement,

*Fructusque feros mollite colendo.*

Mais veu que cela n'arriue pas tousiours, & encor auec grande peine & trauail, quoy que vous fassiez vous ne changerez iamais vn méchant esprit, & de stupide qu'il est vous ne sçauriez le faire deuenir adroit, puis qu'il manque de ce que vous ne pouuez pas luy bailler.

Quand vn corps est d'vn bon temperament, & que les qualitez de ses humeurs sont bonnes & bien loüables, il se porte tousiours bien, & les maladies ne viennent que par le chágement ou exuperance de quelqu'vne d'icelles; aussi quand l'esprit a toutes ses conditions & bonnes qualitez, il est asseuré qu'il est bon & capable d'agir, & il se portera dauantage aux choses qui conuiendront auec la qualité de l'humeur qui predominera. S'il est melancholique, il sera plus amateur du trauail & des études. Si colerique, il le sera moins: parce que cet humeur-la demande dauantage la solitude & la retraite qui sont fort propres aux lettres, & celui-ci se plaist plus au diuertissement & aux compagnies, qui ne demandent rien moins que de la peine

& du trauail. Il faut ainsi dire des autres esprits. Le temperament & les qualitez du corps concourent à celles de l'esprit, puisque l'esprit est plus ou moins perfectionné, selon qu'est le temperament du corps, & que ses organes sont bien ou mal disposez. Les humides sont communément les meilleurs esprits, parce que la chaleur naturelle y est bien teperee: toutefois ceux qui le sont trop, ont aussi peu d'esprit & de iugement, que les plus secs & arides, la chaleur naturelle où gist la viuacité de l'esprit estant ofusquee par le trop d'humidité. I'ay gouuerné vn enfant, dont l'esprit estoit bien plus méchant que bon, sans memoire, & presque sans iugement, lent & peu adroit à tout ce qu'il faisoit, fort humide du cerueau, d'où sans cesse distilloient quátité de serositez phlegmatiques qui asseuremét causoient ce defaut, quoy que ses freres ne manquassent ny d'esprit, ny de iugement, ny de memoire, qui à la verité n'estoient pas remplis de tant de nuisibles humeurs; ce qui s'accorde auec le dire de Plutarque, que d'vn mesme pere souuent deux freres naissent si dissemblables de mœurs, d'humeurs, & d'esprit, qu'ils ne se rapportent en aucune chose.

Au contraire, i'en ay veu vn autre tellement sec & aride, qu'il m'a esté impossible de luy faire iamais sortir vne larme des yeux, soit par remonstrances, honte, menaces, ou chastimens, encor que quelquefois il en ait souffert d'assez rudes : & dans toute sa vie quelque accident qui luy soit arriué, il n'a peu ietter aucune larme, quoy qu'il s'y efforçast entierement, qu'vne fois ou deux seulement,

ment, pour la perte d'vn petit animal qu'il cheriſſoit extremement. Auſſi cet enfant là ne pouuoit en aucune façon eſtre émeu à l'etude, ny par promeſſes ny par menaces; Pour le ieu il s'y portoit auec tant d'ardeur, qu'il fuſt tombé malade, ſi on ne luy euſt reſſerré la bride; mais les ieux auſquels il s'adonnoit ne demandoient aucun eſprit ny adreſſe. De cette ſechereſſe procedoit le manquement de raiſon, de iugement & de memoire, car il en auoit ſi peu qu'il luy falloit plus de temps ſix fois pour apprendre par cœur, qu'aux autres, & quand il auoit appris quelque choſe, il l'oublioit tout incontinent, ſans iamais preſque s'en ſouuenir, dequoy toutefois ie m'étonne, veu que les Medecins tiennent preſque d'vn commun accord, que les hommes donc le cerueau eſt plus ſec, ont le plus de

E

memoire, & sont moins sujets à oublier ce qu'ils ont apprins. Il auoit moins de iugement & de raison que les enfans n'en ont d'ordinaire à quatre ou cinq ans, quoy qu'il en eust vnze ou douze; Or il ne faut pas esperer que de semblables esprits puissent iamais deuenir bons, parce qu'à mesure que le corps croist, les forces & la chaleur naturelle s'augmentent, qui consument le reste d'humidité qu'il y auoit, au lieu d'en repater le defaut: ce qui n'est pas de mesme aux humides, car auec l'âge il se fait des evacuations du cerueau qui le déchargent, & la force & chaleur naturelle venans à se fortifier, peuuent corriger cette trop grande humidité; outre que la nourriture plus chaude & seiche qu'on doit leur bailler, & les medicamens s'il en est de besoin, peuuent aider la nature à vuider cette grande abondance d'humeurs excrementiticuses & superfluës.

Dans les corps & dans les esprits les mieux faits & proportionnez, il y a tousiours quelque manque & quelque defaut, c'est à quoy il faut prendre garde, & donner bon ordre dés le comencement *principiis obsta sero medicina paratur*, car il n'y a point d'arbre si tortu qui ne fust deuenu droit, si dés qu'il estoit encor ieune arbrisseau on l'eust dressé & fait prendre vn bon plis. Puisque souuét dás nos discours nous approchons de la Medecine, en parlant des temperamens & qualitez du corps & de l'esprit, disons que si suiuant l'aduis des Medecins les corps qui sont les meilleurs en apparence, sont de figure quarree, c'est à dire moyenne, qui ne sont ny trop gras, ny trop maigres, d'autant que

E ij

*Corpus autem habilissimū quadratū est, neque gracile, neque obesum: gracile corpus infirmum obesum hæbes est. Cels.*

les plus gras sont d'ordinaire stupides, & les maigres sont infirmes: ainsi les enfans sont plus propres à estre mis aux estudes, dont l'esprit n'est ny trop lent, ny trop broüillon, ny trop grossier, ny trop vif, qui sont vn peu plus humides que secs, plus melancholiques que bilieux, & qui n'ont aucun excez.

Certes au commencement de la ieunesse l'esprit mediocre est le meilleur, car Seneque nous apprend que *Ingenia quæ illustriora sunt breuiora sunt.* les enfans qui ont de trop grands esprits ne sont pas de duree, les changent auec l'âge, & ne les conseruent pas si bien que ceux qui sont dans la mediocrité.

Quand on veut mettre vn enfant aux estudes, on doit prendre garde non-seulement à son esprit, mais aussi à son corps, car encor qu'il eust le meilleur esprit du monde, si son corps est infirme, il ne sera pas si propre aux sciences, d'autant qu'elles tourmentent & affoiblissent le corps, aussi bien que l'esprit, & il faut tascher de remedier à ses infirmitez corporelles, & le rendre auparauant sain que de le faire estudier, car si auant sa guerison vous luy faites embrasser le trauail tant petit soit il, vous l'affoiblirez dauantage, & peut-estre vous minerez tellement ses forces, que iamais il ne pourra se remettre en vigueur. Ceux qui auront esté mal sains durant leur enfance doiuent moins estre forcez que les autres, parce qu'il y auroit danger de les faire retomber en maladie, ce qu'il faut aussi obseruer à l'endroit de ceux qui ont la moindre incommodité ou debilité, de peur de l'augmenter & de la rendre incurable, veu que tous les corps, tant forts & robustes, soient ils, endurent beaucoup de peine & de mal auant que d'arriuer au bout du cours de leurs estudes.

*Qui studet optatam cursu contingere metam,*
*Multa tulit fecitque puer, sudauit & alsit.*

On trouue certaines humeurs lâches, qu'on a bien de la peine à mettre en bon chemin, & c'est de ceuxlà que Pline parle, quand il dit que quelques esprits sont si froids pour les lettres, & si lents pour la vertu, qu'aucuns exemples, remonstrances, ny chastimens ne les peuuent exciter à bien faire; ce qui arriue, ou pour estre debiles & foibles de corps, ou pour estre de leur naturel lâches & paresseux : quand cela vient de leur debilité & foiblesse corporelle, on ne peut presque les faire estudier sans preiudice de leur santé, parce qu'outre leur foiblesse & debilité de corps, ils sont pour l'ordinaire lents & paresseux de leur nature ; on ne pourra donc les exciter sans les contraindre, ce qui les minera & affoiblira encor dauantage : ceux qui de leur naturel sont lents & laches à l'estude, sans foiblesse ny debilité corporelle, mais seulement à cause d'vne mauuaise habitude qu'ils ont cōtractée dans la feneantise où on les a laissez croupir dés leur naissance, doiuent estre eueillez & incitez selon que leurs forces le porteront, & selon la disposition de leur humeur & de leur esprit ; au commencement il y faut agir auec beaucoup de prudence & de precaution, par douceur & moderation, de peur de les trop effaroucher ; on ne doit les laisser oisifs que le moins qu'on pourra, n'importe qu'ils iouent assez souuent, il faut les éueiller de paroles hardies, leur augmenter le courage par de bonnes & sainctes esperances, & autres choses semblables.

Plutarque compare les esprits auec le fer, lequel se roüille quand on ne le manie point; ainsi l'esprit se gaste & deuient stupide, quand il n'est point exercé; & comme il faut faire couler l'eau de crainte que pour trop croupir dans vn lieu elle ne se pourrisse & se corrompe, de mesme faut-il exciter plutost les enfans à iouer quand on void que la lâcheté & la paresse les accueillent.

On doit les faire conuerser auec des humeurs viues & promptes, ce qu'on doit aussi pratiquer enuers tous les esprits qui ont excez ou faute de quelque chose, de les ioindre & faire souuent agir auec des humeurs contraires, car les lents & paresseux tempereront l'ardeur des violens, & ceux-ci éueilleront & inciteront la paresse & l'assoupissement de ceux-là.

Pline fait vne fort belle comparaison des esprits auec les arbres, dont il y en a plusieurs qui montrent au Printemps de belles fleurs, mais au reste ne portent point de fruicts; ainsi, dit-il, la pluspart des enfans ont dés leurs premieres années l'esprit assez bon & assez propre aux lettres & à la gentillesse, & montrent de belles apparences & esperances, mais fort souuent il arriue qu'en croissant, leur esprit se change & se degouste des estudes, & n'y fait aucun fruit: & Virgile nous a descrit la mesme chose dans ses Eclogues.
*Multi ante occasum maiæ cœpere, sed illos*
*Expectata seges vanis elusit auenis.*

Ce qui à mon aduis aduient assez souuent, de ce que leurs parens plus curieux de les faire au menage & au maniement des affaires, les dressent aucunefois à prendre garde à ce qui se passe à la maison, leur font remarquer la disposition du menage: quelques vns prennent plaisir à leur raconter leurs affaires particulieres; d'autres pour fonder leur esprit les exerceront sur les nombres, & semblables. Si iadis Horace remarqua le defaut des enfans Romains qui s'adonnoient dés leur bas âge à conter & nombrer les rentes & reuenus des Citoyens & de la Republique.

*Romani pueri longis rationibus assem*
*Discunt partes centum diducere, &c.*

A plus forte raison devrions-nous reprendre & blâmer tous les François qui dressent leurs plus petits enfans au nombre & calcul des grades sommes, dont ils ne devroient pas auoir la moindre connoissance. Ie sçay de petits garçons qui conteront mieux vne somme de six ou huict mil liures, que des hommes faits, qui ioueront plus finement & plus iudicieusement vn piquet, vn hoc, vne prime, &c. & qui ne sçauent pas seulement lire, peut-estre pas dire les prieres qu'on leur doit apprendre.

Diogenes & Socrates, ces deux personnages dont la science & la sagesse ont raui tout le monde en admiration, reprenoient aigrement ceux de leur siecle, dequoy ils instruisoient leurs enfans aux jeux, & plutost aux autres exercices, qu'aux sciences; mais en verité il faudroit non seulement blâmer ceux de nostre temps, mais les punir, de dresser leurs enfans aux jeux, aux badineries, & aux vices; car quel abus d'accoustumer de si bonne heure les enfans à l'argent & à l'auarice, puis qu'ils ne se soucient point des sciences, pourueu qu'ils puissent amasser de l'or & de l'argent, pour lequel acquerir quand ils sont vne fois entrez dans ce fatal chemin doré, que ne commettent ils point?

Virg. *Quid non mortalia pectora cogis, Auri sacra fames!*

Ne seroit-il pas meilleur & plus seant de les accoustumer aux lettres & à la vertu, & tascher par toutes sortes de moyens de les rendre habilles & honnestes hommes, à quoy si iamais ils pouuoient paruenir quand ils seroient moins riches, ils le seroient encor assez, puis qu'ils se feroient admirer de tout le monde par leur sagesse comme des oracles, & qu'ils amasseroient iustement &

licitement presqu'autant de biens & de richesses, que les autres ignorans, odieux & hais de tout le monde, en amassent tyranniquement & contre toute sorte d'equité & de iustice. Aussi vn bon Philosophe nous enseigne qu'il seroit fort aisé à vn homme vrayment sage & vertueux, tant pauure soit-il, de deuenir par son industrie & sa doctrine grandement riche & opulent s'il vouloit.

Le Prince des Philosophes, Democrite, & plusieurs autres, disent que les hômes fols seulement amassent iniustement des richesses, parce que s'ils consideroient que les biens acquis de telle façon font vne vilaine tache à la personne qui ne s'efface iamais, ils ne seroient pas tellement priuez de leur bon sens que de se rendre la risee, la malediction & l'opprobre de tout le monde, c'est pourquoy vn pere ny vne mere ne doiuent iamais occuper leurs enfans si ieunes au tracas des affaires, mais serieusement à l'estude, & les mettre entre les mains de personnes qui en soient capables, telles à peu prés que nous dirons au chapitre huictiesme. Il faut leur laisser l'esprit libre & vuide de tous autres soins, afin qu'ils n'ayent qu'vn but, & que leur visee ne soit point distraite ailleurs par la diuersité des obiets. Si mesme de leur inclination ils s'écartent du deuoir d'vn Ecolier & se portent ailleurs, soit imperfections ou autres moindres obstacles, ils doiuent leur en oster tous les suiets, & les en éloigner tant qu'ils pourront, iusques à ce qu'ils ayent acheué le cours de leurs études, car on se dresse assez tost aux affaires, quand les sciences ont per-

fectionné l'esprit; & l'aprentissage de
tel mestier se fait dès le premier maniement qu'on a des choses.

L'argent est vn philtre qui nous
charme à mesme temps que nous le
voyons, & que nous le manions; l'a-
uidité est vne cangrene, dont le ve-
nin se glisse peu à peu iusqu'au fond
de nostre cœur, si on n'y applique
tout incontinent le feu; & l'auarice
est vn cancer qui ronge toutes les
parties de nostre esprit & de nostre
corps, si on n'y apporte au plutost
du remede.

*Vtque malum latè solet immedicabile* Ouid.
*cancer*
*Serpere & illæsas vitiatis addere par-*
*tes.*

## EN QVEL TEMPS,
*& quel âge on doit mettre les Enfans à l'estude des lettres.*

## DISCOVRS III.

IL est aussi necessaire de sçavoir bien choisir le temps pour donner les premieres instructions à vn Enfant, qu'il est besoin de connoistre quelle saison de l'année est la plus propre à ensemencer la terre, puisque l'esprit d'vn enfant est vne terre neufue, dans laquelle si on jette des semences dans vne bonne saison, il n'y a point de doute qu'elle raportera des fruits tres-excellens,

que

que si on vouloit la cultiuer à contre-temps, on n'en retirera que des ronces & des epines tout à fait nuisibles & qui offusqueront le grain qu'elle pousseroit hors de soy-mesme.

La plupart du monde croit que si tost qu'vn enfant commence d'auoir vn peu de connoissance, il ne faut point tarder de luy montrer les lettres de l'alphabet, & tâcher de les luy faire apprendre peu à peu, ou distinctement, ou confusément: à quoy ils sont portez de cette raison, que les premieres impressions qui se font dans nostre entendement, sont d'autant plus fortes & fermement assises, qu'elles l'ont trouué vuide de tous autres obiets, & qu'elles y font leur place plus ample, n'y ayant rien qui les en empesche, ioint qu'il est necessaire de disposer de bonne heure vn

*Premiere opinion.*

enfant aux sciences, quand on veut qu'il devienne fort docte & tres-habile homme.

Virg. *Præcipuum iam inde à teneris impende laborem.*

Que si on ne l'y accoustume dés les premiers commencemens de sa ieunesse, on ne pourra sans doute le ranger à l'estude, quand il sera devenu vn peu plus grand sans avoir étudié. *Et pater insueuit, puer, quoque assueta iuuentus. —*

dit le Prince des Poëtes, & Celse omnem etiam laborem facilius uouet puer, quàm senex quàm insuetus honos sustinet. Les enfans supportent le travail qu'on leur impose, pour-ce qu'ils craignent d'estre repris & chastiez, au moins la plus part d'autres, mais bien peu, le font par affection. Les vieillards embrassent le travail par raison & consideration, afin de faire amas & profit de quelque chose ; les ieunes hommes d'ordinaire qui ne sont point accoustumez au trauail, le fuyent, d'autant que ny la crainte du chastiment, ny le desir de profiter aucune chose ne les y porte, & la bouillante ardeur de leur ieunesse ne leur donne pas le loisir de considerer l'vtilité qu'ils peuuent tirer de la peine & du trauail. Cette opinion, outre qu'elle est fondée sur le grand chemin, pourroit auoir quelque chose de valable, si les suiuantes ne la destruisoient par les mesmes raisons qu'elles tâchent de s'establir.

D'autres qui semblent mieux auisez veulent qu'on ne fasse point mettre les yeux à vn enfant dans aucun liure pour luy enseigner la lecture, & le Latin, qu'il ne soit paruenu à l'âge de huict ou neuf ans, & la raison qui les incite à cela, parce qu'il est dan-

2. Opinion.

F ij

gereux à la santé, embonpoint, croissance & force d'vn enfant de le captiuer dés l'age de quatre ou cinq ans, & l'assuiettir à se forcer l'esprit de mettre dans sa memoire des caracteres, que des hommes tous faits, qui n'ont rien appris dans leur ieunesse, quoy que de bon esprit, ont bien de la peine à retenir.

On obiecte à cette raison, qu'on ne force pas l'esprit d'vn enfant, encor que dés l'age de quatre ou cinq ans on luy apprenne les lettres, & qu'on l'y meine tout doucement & sans contrainte, qu'on ne luy en baille que ce qu'il en veut prendre, & partant que cela ne peut aucunement preiudicier, ny à sa santé, ny à son embonpoint. Surquoy on doit considerer que les esprits n'estans pas tous semblables, ceux qui de leur inclination seront portez aux lettres,

on ne pourra leur retenir la bride, &
les empescher qu'ils n'impriment
bien auant dans leur imagination
ce qu'on leur montre, ce qui asseurement tost ou tard leur causeroit
de l'incommodité, veu que l'experience iournaliere nous apprend
qu'vn enfant songera toute la nuit,
eueillé & endormy aux leçons qu'on
luy aura enseignees durant le iour, &
ausquelles il aura appliqué son esprit, les autres qui n'auront point
d'inclination à l'estude n'apprendront rien si on ne les y force tant
soit peu, ce qui ne se peut sans
faire tort à leur santé, ou s'ils apprennent quelque chose à la longue,
ils y mettront trois fois plus de temps
& d'annees qu'il n'en faut pour ces
commencemens là, & si ce ne sera
pas sans quelque contrainte. Cette
seconde opinion est assez bonne,

mais la raiſon dont elle combat la premiere, ſemble la combatre elle meſme, puis que les meſmes choſes ſe rencontreront, leſquelles incommoderont auſſi bien vn enfant à l'age de huict ou neuf ans, qu'à quatre ou cinq : toutefois on ne peut nier qu'vn enfant eſtant de la moitié plus fort à neuf ans qu'à cinq, il ne ſouffrira pas la moitié tant d'incommoditez à cet age là qu'à l'autre, & que ſon eſprit eſt deſia capable de choſes vn peu releuees, puis qu'il commence à diſcerner le bien d'auec le mal, & d'eſtre aucunement raiſonnable.

3. Opinion.

On en trouue d'autres qui ne peuuent gouſter les raiſons de ces deux opinions, & les reiettent bien loin, mais ils aiment mieux qu'on baille ſeulement les premieres inſtructions à vn enfant à l'age de quinze ou ſeize ans, parce, disent-ils, qu'outre que cela peut en quelque façon empescher le corps de se fortifier & perfectionner, il faut tant de temps aux premieres ages pour apprendre seulement à lire, que cela est capable de degouster la bonne volonté de ceux qui desirent étudier, & qu'vn ieune homme agé de 15. ans peut en deux mois ce qu'vn autre à l'age de 9. ans aura bien de la peine à faire en 7. ou 8.

I'ay gouuerné vn enfant qui à l'age de 13. ou 14. ans ne sçauoit que fort peu lire, presque point écrire, lequel auoit l'esprit commun, mais sa memoire estoit si indisposée à apprendre aucune chose par cœur qu'il fallut luy faire écrire 5. ou 6. diuerses fois deux lignes qu'on luy vouloit faire retenir en sa memoire, ce qu'il ne peut faire en deux iours tous en-

*Histoire.*

tiers; lequel enfant neanmoins apprist plus les deux premieres annees
de son instruction, quoy qu'il fust
infirme & fort souuent malade, que
d'autres meilleurs esprits que luy à
l'age de 10. ou 11. ans, ne firent en
4. ou 5. ans, lesquels ne manquoient
ny de iugement, ny de memoire, &
celui-ci n'en auoit pas trop; outre
qu'il auoit esté tellement delicaté &
accoustumé à ses volontez chez ses
parens, qu'il fallut trouuer des inuentions prodigieuses, pour luy faire
venir le desir de s'adonner à l'étude, veu mesme qu'on n'osoit le forcer à cause de ses infirmitez & de
son naturel farouche & reuesche.
Ce qui seruit beaucoup à son auancement ce fut à mon aduis vn peu
d'ambition qu'il auoit de paroistre
entre ses égaux, auec l'emulation
dont on éueilloit son courage ; &

le desir d'estre loüé de ses Maistres & parens, outre la crainte d'estre blâmé; car il auoit honte de se voir si auancé en âge, sans estre auancé aux lettres. C'est ce qui a donné occasion à Lycon & Seneque de dire que la honte & vergongne auec le desir des loüanges, sont necessaires à vn enfant pour bien étudier, & luy font faire plus de progrez que les meilleures instructions & les plus sçauans Maistres du monde.

Les autres passent plus auant, & asseurent qu'il est meilleur de donner les premiers commencemens des sciences, seulement à l'âge de dix-neuf & vingt ans qu'en tout autre plus ieune; pour autant qu'vn esprit paruenu à cet âge-là, peut sans empeschement & sans incommodité s'appliquer tout de bon à l'étude, veu qu'il n'y a point de

4. Opinion.

eraindre que cela puisse nuire au corps, estant desia bien proportionné & fortifié, ny à l'esprit, qui est aussi en sa force & en sa vigueur, & qui trouue les organes du corps bien disposez pour faire agir ses facultez. Ceux qui tiennent cette opinion, disent qu'il est plus à propos d'occuper le bas âge des ieunes gēs à danser, à bien parler François, à faire des armes, & autres semblables, estant certain que ces exercices-là ne demandent pas tant d'assiduité ny de contrainte d'esprit, & qu'ils peuuent plus seruir au corps, principalement le jeu de paume & les armes qui le dressent, & le font étendre, & par ce moyen donne lieu à la nature de faire mieux ses fonctions, & de se fortifier, *commodè vero exercent clara lectio, arma, pila, cursus, ambulatio*. Estant aussi asseuré qu'à quel âge que l'esprit agisse puissamment, il empesche la nature de faire ses fonctions comme elle voudroit, si le corps n'est assez fort pour supporter la fatigue, que l'esprit serieusement occupé luy donne.

Pour moy ie suis de l'aduis des autres, qui disent qu'il faut choisir l'esprit de l'homme, comme le laboureur fait choix des arbres qu'il veut planter: car comme il y a certains arbrisseaux qui porteront de bons fruits estans entez ieunes, & d'autres qui n'en feront point, s'ils ne sont grands & forts; de mesme il est asseuré qu'il se trouue des enfans de qui l'esprit est plus capable d'estre employé à l'âge de 8 ou 9 ans, que d'autres à l'âge de 12 ou 13; & partant qu'il ne faut pas en mesme temps commencer à enseigner les vns & les autres. Plutarque m'ap-

*Opinion.*
*Ante omnia autem noscit quisque naturam sui corporis.* Celf.

prend qu'vn bon Maistre auant que de rien faire entreprendre à ses écoliers, doit iuger si leurs forces & leur esprit en sont capables, que le commencement de la bonne discipline & correction est de connoitre les fautes, afin de sçauoir comment on les doit corriger : & nous deuons croire qu'autant qu'il incommodera certain esprit d'estre trop ieune occupé à l'étude, autant nuira-il à vn autre de n'auoir pas esté d'assez bonne heure employé aux lettres, *Quod enim contra consuetudinem est nocet, seu durum, seu molle est.* Pour autant que celui-ci estant deuenu plus fort, aura plus de resistance à se ployer qu'il n'eust eu, si ieune il eust esté appliqué à l'estude; & que celui-là trop foible, n'aura pas les dispositions necessaires, qu'il eust peu auoir, si on luy eust donné

Cell.

assez de temps à se fortifier.

Pline est dans la mesme pensée, quand il dit, qu'il n'y a point d'esprit si meschant ny si reuesche, qu'on ne puisse domter, ny si rude & si grossier qu'on ne puisse cultiuer, pourueu qu'on le connoisse, & qu'on sçache le temps & la maniere de le gouuerner & l'instruire; c'est pourquoy auant que de commencer l'instruction d'vn enfant, il est tres necessaire de iuger si son esprit est capable de ce qu'on desire luy enseigner; autrement pensant bien ieune en faire quelque chose de bon, vous luy gasterez ou l'esprit, ou le corps, & peut-estre le corps & l'esprit tout ensemble. Que sert-il à vn ieune homme d'auoir fait ses humanitez & sa Philosophie à quinze ou seize ans, s'il est peu porté au bien; à quoy employera-il son esprit iusques à tant qu'il soit en âge viril, & qu'il soit meur, s'il sçait estant enfant la Philosophie, dont il peut aussi bien abuser dans ses débauches, que les autres s'en seruir pour la vertu: ce sont plus proprement des Philosophes *de nomine & voce*, que *de re*; ils vous discoureront vne heure sur vne matiere auec leurs argumentations & raisons scolastiques, & de 30 questions s'il en faut aprofondir vne tant soit peu, ils sont hors d'escrime, ils n'entendent pas ce qu'ils veulent dire, & n'ont point de meilleure raison à se defendre que leur ieunesse, qui n'est pas encor capable de matieres si releuées. Pour cette raison principalement c'est vne grande folie de tourmenter les esprits, & d'emousser leur viuacité à comprendre la difficulté d'vne question sophistique, laquelle quād ils sçauroient en perfection, ils oublieront, s'ils n'ont incessamment les yeux sur leurs écrits. Envoyez les ieunes Philosophes faire voyage en Italie & en Allemagne, ils reuiendront au bout d'vn ou deux ans presqu'aussi doctes, que quand ils entrerent la premiere fois en classe: ne vaudroit-il pas mieux les tenir plus long temps dans les humanitez, où ils se perfectionneroient à l'eloquence Latine (si totalement necessaire pour acquerir la Françoise en perfection) & leur reseruer la tasse de la Philosophie, quand ils commenceront à deuenir plus sages d'esprit & de conduite: car puisque le Prince de l'eloquence Romaine nous enseigne en loüant le plus ieune des Catons, qu'on ne doit pas apprendre la Philosophie pour s'amuser à de vaines disputes, & persuadre son temps apres les argumentations scolastiques, mais afin de se rendre vertueux & honnestes hommes, pourquoy faire passer vn chemin épineux, quoy qu'tres-vtile, à des enfans, s'ils n'ont la raison & le iugement bien formé: mais nous parlerons de cela plus au long au chapitre suiuant.

Ie dis donc qu'il faut considerer les qualitez de l'esprit & sa portee, auant que de le ietter dans l'étude des lettres, & plutost attendre iusques à quatorze ou quinze ans pour luy enseigner le Latin, que plus ieune, afin de ne faire point de tort à la santé de son corps ny de son esprit, ce qu'vn homme de iugement, és mains duquel on le mettra, peut ayſément remarquer, quand il l'aura sondé durant quelque temps par de petites questions qu'il luy demandera.

dera. Toutefois ie ne voudrois pas qu'on le laissast paruenir iusques à cet âge-là sans luy auoir appris à lire & à escrire, car ces choses-là ne le peuuent pas tant incommoder que le Latin, puis qu'elles ne sont pas si difficiles, & qu'elles ne requierent pas tant d'attention & de contrainte, & il arriueroit peut-estre que l'enfant qui seroit paruenu à cet âge, auroit plus de repugnance & seroit moins disposé à ces premiers commencemens, que si plus ieune on l'y eust dressé. Ce que i'ay remarqué dans vn enfant âgé de 12. ou 13. ans qu'on ne peut iamais mettre en chemin de l'escriture, ny de l'estude du Latin, lequel ne sçauoit presque pas lire, & toutefois ne manquoit point d'esprit, qu'il employoit fort bien à d'autres choses presqu'aussi difficiles; & quoy qu'aucunefois il s'appliquast à ce

*Exemple.*

G

qu'on luy enseignoit, il ne pouuoit rien apprendre, & n'y monstroit aucune disposition, parce qu'on l'auoit trop long-temps laissé inutile & oisif, & qu'il s'estoit tellement accoustumé à la faineantise & paresse, qu'on ne pouuoit presque l'émouuoir. Plutarque dit que les vices inueterez se corrigent mal-aisément, & mesme quand on les quitteroit, qu'il en demeure tousiours quelque tache, qui s'est renduë irremediable par vne longue habitude. C'est aussi l'opinion des Medecins qu'on ne sçauroit tellement guerir vne maladie qui aura pris racine durant beaucoup de temps, qu'il n'en reste assez pour faire vne recheute à la moindre faute qu'on commettra : c'est pourquoy il ne faut iamais laisser oisifs les enfans, ains de bonne heure les accoustumer au trauail & à la diligence.

Les plus forts, plus robustes, plus vifs, plus prompts, plus adroits & plus industrieux, sont pour l'ordinaire plus propres à estre employez de bonne heure, car ils montrent desia quelques signes de leur esprit & iugement, qui commence à s'ouurir & à demander du trauail, comme les foibles, plus delicats, plus endormis, plus lents, plus hebetez & stupides semblent moins disposez à estre si tost appliquez à l'étude, car l'vn ou l'autre de ces defauts, est vn signe euident du peu d'esprit & de la disette de iugemét, qu'ils n'ont point du tout, ou aumoins qui ne paroist point au dehors: Il faut ne laisser pas trop auancer en âge ceux qui de bonne heure montrent beaucoup d'esprit, sans le cultiuer, de peur qu'auec le temps il ne se relasche, s'il n'a dequoy s'occuper: puisque Plutarque nous apprend que les plus excellens esprits, & qui ont de l'inclination au bien se gasteront, & se porteront enfin au mal, si on ne les cultiue soigneusement, & auec de bonnes instructions; on ne doit pas aussi tout d'vn coup le forcer ny le charger beaucoup, de peur de l'émousser, & luy faire prendre auersion des lettres; tout de mesme il ne faut pas faire trop tost étudier ceux qui ne montrent point, ou pas beaucoup d'esprit, car cela les tourmenteroit, & empescheroit peut estre la pointe de leur esprit d'éclore, qui pourroit peu à peu se former & se perfectionner, & cela nuiroit à la santé du corps, qui n'est pas en sa force & perfection requise au trauail des études, principalement si les enfans sont foibles, delicats ou valetudinaires : n'y ayant presque aucun esprit, à ce que remarque le mesme Auteur, qui ne se fasse auec le têps & auec l'âge, quand on sçait bien prendre l'occasion de le cultiuer: ceux toutefois qui n'ont aucune infirmité ny maladie, peuuent estre vn peu plutost occupez aux lettres, encor qu'ils ayent moins d'esprit, ou qu'ils soient plus lents & plus hebetez, parce que le trauail ne leur nuira pas beaucoup, s'ils sont de forte complexion, mais il faut y agir auec vne grande prudence, & du commencement ne leur faire presque rien apprendre, afin de donner lieu à leur esprit de se montrer; car il y a souuent des esprits qui demeurent cachez fort long temps, & quelquefois ne paroissent qu'apres beaucoup d'annees; combien en void-on qui à l'âge de 14. & 15. ans sembloient stupides & hebetez, lesquels neanmoins ayans esté soigneusement cultiuez, sont deuenus de grands personnages, & plus excellens esprits que d'autres, qui dés leur plus tendre ieunesse promettoient des prodiges & des merueilles; c'est pourquoy on ne doit iamais desesperer de l'esprit d'vn enfant, encor que quelquefois on ne puisse rien luy apprendre du commencement, pourueu neanmoins qu'on ne remarque aucuns defauts euidens, ny empeschemens dans son corps ny dans son esprit, car si par malheur son corps ou son esprit auoient vne imperfection, ou vn defaut si grand & si manifeste qu'on sceust asseurément estre incurable, il seroit plus à propos; & mesme necessaire de n'y point toucher, & le laisser en paix, plutost que de le tourmenter, & peut estre le perdre tout à fait en voulant le corriger.

## QVELLES SCIENCES on doit les premieres apprendre aux Enfans.

### DISCOVRS IV.

DE toutes les methodes dont on se sert auiourd'huy pour l'instruction de la ieunesse, ie n'en sçay point de plus ridicule ny de moins profitable que d'enseigner la Philosophie à des Enfans, auant que de leur apprendre ny François, ny Latin, & presque auparauant qu'ils sçachent bien lire, & tant soit peu écrire. Et neanmoins nous remarquons tous les iours que certains esprits bourus, & aussi peu sages que leurs Ecoliers peu Philosophes s'étudient à enseigner cette sagesse qu'ils n'eurent iamais, & mesme s'en vantent publiquement, en font gloire dans toutes les compagnies où ils mettent leur nez, & publient leurs Ecoliers comme des nouueaux Aristotes.

Est-il possible que la rêuerie de ces hypocondriaques se soit laissée aller à ce poinct de stupidité d'oser faire seulement ietter les yeux à des enfans dans les abysmes de la Philosophie, que les plus grands hommes des siecles derniers & des premiers ont eu assez de peide à sonder, sans apprehender qu'ils ne se perdent dans ces precipices? Quel corps y a-il iamais eu assez fort & robuste pour soustenir tant de difficultez & de trauaux, & ils y exposent vn petit corps flouet & delicat, sans craindre qu'vn si rude exercice ne le mine & l'abate, *donec maiore studio literarum disciplina agitari cœpit quæ vt animo præcipue necessaria, sic corpori inimica est, &c.* dit Celse; & plus bas, *Scilicet his hanc maxime requirentibus qui corporum suorum robora inquieta cogitatione nocturnaque vigilia minuerant.* Quel esprit assez bon & assez excellent s'est trouué depuis la creation du monde qui ait penetré la subtilité & profondeur de la Philosophie, sans beaucoup de peine, & ces Docteurs ne font point de conscience de forcer vn foible & pauure esprit à comprendre ses secrets les plus cachez: voire mesme ils seront assez imprudens & impudens pour vous soustenir qu'il n'y a question tant épineuse & difficile puisse elle estre, que leurs Escoliers n'approfondissent & ne dissoudent entierement: Comme si des enfans pouuoient en leur foiblesse, ce que les plus grands personnages n'ont iamais peu en la force & vigueur de leur esprit. Consultez Pline sur ce suiet, qui vous dit que les meilleures santez se sont gastees par trop d'estude, & les plus grands esprits deuenus fols pour auoir esté trop bandez à la Philosophie, & pour auoir voulu estre trop sages.

Mais encor, si ces oracles du temps choisissoient vn bon iugement & vn excellent esprit pour luy faire faire ces miracles, & qu'ils ne fussent pas si inconsiderez que d'enseigner cette science indifferemment à toutes sortes d'enfans, dont aucuns ont l'esprit moins propre à la Philosophie, qu'vn elephant à danser sur la corde: ou qu'ils se contentassent de leur apprendre les choses plus faciles & plus gentiles, (que quelques-vns sans doute peuuent en aucune façon sçauoir) mais enseigner à des stupides & hebetez encor enfans, sans iugement, sans raison, la maistresse des sciences, & ses plus grands secrets: c'est faire autant de prodiges miraculeux, qu'ils feront de Philosophes. Comment feront-ils raisonner des animaux sans raison puis qu'ils n'en ont pas l'vsage, & que leur nom mesme nous apprend qu'ils ne sçauroient encor parler? En cecil'experience est encor plus considerable que toutes sortes de raisons; car de beaucoup d'enfans imbus de cette pernicieuse instruction que i'ay interrogez, ie n'en ay trouué aucun (combien que i'en aye sondé de fort bons pour leur âge) qui ait peu satisfaire à vne question vn peu difficile, ny répondre à la moindre raison que ie luy aye obiectée contre le sentiment

*Infans à fari, i. qui non potest fari.*

**Exemple.** de son Maistre. I'en ay fort souuent interrogé vn qui auoit l'esprit tres-bon & tres-vif, sur la matiere la plus aisée qu'on luy venoit fraischement d'expliquer, lequel disoit à la verité quelque chose, mais à quatre ou cinq iours de là il ne se souuenoit non plus de ce que ie luy auois demandé, que si iamais ie ne l'eusse interrogé.

Ce n'est pas que la langue Latine soit tout à fait necessaire pour apprendre la Philosophie, parce qu'on l'a traité aussi bien en François qu'en Latin, mais pour autant que l'esprit n'ayant presque point de iugement, fort peu de raison, & la memoire n'estant pas encor en sa perfection, il ne peut pas conceuoir ny retenir des choses qui demandent absolument vn grand iugement, beaucoup de memoire & de raison, puisque ces trois qualitez sont les propres instrumens necessaires à cette science. Il faut donc que le corps soit bien organisé, & l'esprit en sa force, qui ne commence dans la plupart qu'à 20. ou 22. ans, encor en peu de personnes, afin d'apprendre cette sagesse, que peu de Professeurs enseignent prudemment.

Du temps de Senecque il y avoit desia de ces Maistres-là, qui commençoient à traiter beaucoup de superfluitez dans la Philosophie (qui ne se rencontrent encore que trop souvent en celle de ce temps) quand il disoit qu'entre cette Philos. & la sagesse qui est la veritable Philos. il y avoit autant de difference, qu'entre l'argent & l'avarice.

Que si la curiosité d'apprendre à des enfans cette science ne causoit point de mal & de desordre à leur corps & à leur esprit, je ne trouverois

pas si mauuais qu'on les exposast à
ces difficultez, car il arriueroit peut-
estre que parmy vne grande quantité d'esprits, il y en auroit quelqu'vn
qui par sa bonté & viuacité pourroit
comprendre & apprendre quelque
secret de tant qu'on luy auroit décou-
uerts, mais l'experience nous fait voir
tous les iours que la plus gráde partie
des enfans qu'on a instruits de cette
façon ont tellement debilité leur
corps, que peut-estre toute leur vie
ils s'en sentiront incommodez ; les
vns sont morts apres quelques annees, d'autres plus forts ont dauantage resisté, mais sont encor malades de temps en temps ; peu ont éuité
les infirmitez du corps ; presque tous
ont contracté celles de l'esprit ; de
sorte qu'en taschant de les faire deuenir trop de bonne heure sages, ils
sont presque deuenus fols, & iamais

n'ont esté sages. Bien dauantage, leur esprit s'est tellement émoussé contre l'achopement & dureté des difficultez, que iamais de leur vie ils n'ont esté puis apres capables d'apprendre aucune chose, quoy qu'ils eussent peut estre tout apprins, s'ils eussent esté bien commencez & sagement conduits.

N'obiectez point qu'on ne force pas l'esprit des enfans aux épines de la Philos. car il est impossible qu'ils en puissent rien sçauoir sans grande peine, & comme nous auons dit au chapitre precedent des autres études, quand ils y auroient toutes sortes d'inclinations & de dispositions, il ne se peut faire qu'ils n'en soient touiours grandement incommodez.

Ie sçay meilleur gré a d'autres personnes qui se meslent d'aprédre d'autres scieces aux enfans auant le Latin, (parce que peut-estre ils n'en sçauent pas trop pour eux) comme les Mathematiques, le Grec, l'Hebreu, l'Italien, l'Espagnol : Ie ne veux pas soustenir que toutes ces choses-là sont presque autant inutiles en cet âge-là que la Philosophie, & qu'elles peuuent causer presque autant de mal & d'incómodité; d'autant qu'on me pourroit répondre qu'elles ne sont pas plus difficiles que le Latin, & qu'elles peuuent moins estre nuisibles au corps & à l'esprit : mais ie dis qu'il est moins vtile de les apprendre auant la langue Latine qu'aprez, parce qu'où la memoire ne sera pas assez bonne & assez grande pour tant d'especes, ou bien que la langue Latine est vn instrument duquel on se sert pour atteindre aux autres, puis qu'elles en ont pris leur origine, comme l'Italienne & l'Espagnole, & qu'elles qu'elles ont auec elle vne grande correspondance & conformité comme la Grecque, ce qui au contraire ne seruiroit pas, car l'Italienne & l'Espagnole ayans prins leur principe d'elle, ne peuuent la faciliter, ains l'embroüilleroient par la confusion des mots qui souuent sont semblables. La Grecque ne luy peut pas aussi estre grandement vtile, puisque les regles dont nous nous seruons pour apprendre le Grec, ont esté puisees dans celles qu'on a dressés pour enseigner le Latin : Mais la langue Latine est extremement profitable & necessaire a monstrer les autres, estant la base & le fondement de celles la, & communiquant ses regles aux instructions de celles-ci. Pour l'Hebraique encor moins, n'ayant point de correspondance ny d'affinité auec la Latine, & si en agit auec les mesmes preceptes pour l'Hebreu que pour les autres, qui sont tous tirez du Latin, ou au moins la plus grande partie. Au reste toutes ces Langues là sont inutiles à ceux qui veulent puis apres apprendre le Latin, puisque la langue Latine est de plus longue haleine que les autres, il est plus à propos de la commencer la premiere, & que ces autres langues s'oublieront infailliblement par la longueur de l'étude de la Latine, si on ne les rebat & pratique continuellement, ce qui prolongera touſiours le temps du Latin, & peut-eſtre gaſtera la memoire, ou pour le moins l'affoiblira par trop de charge; veu que Ciceron nous aſſeure que la memoire ſe perd pour eſtre trop chargee, & qu'elle oublie les choſes qui ſont en trop grande quantité & diuerſité, &

qu'on ne luy fait point repeter: outre qu'elles s'apprendront en bien moins de temps quand on sçaura la Latine, puis qu'elle est l'origine des vnes & l'instrument des autres.

Quand aux Mathematiques, comme il y en a de diuerse sorte & espece, certaines que l'on traite facilement en François, comme la Musique, l'Arithmetique, d'autres qu'on n'enseigne gueres qu'en Latin, comme l'Astrologie, la Geometrie, &c. Il est asseuré que celles-ci requierent du Latin, puisque tous les Auteurs en ont escrit en Latin les regles, veu que l'eau est tousiours meilleure & plus nette dans sa source que dans les ruisseaux, celles-là peuuent bien à la verité s'apprendre sans Latin, mais neanmoins elles s'apprendroient auec plus de perfection & de briefueté, princi-

palement l'Aritmetique; si on les
traitoit en Latin.

Ceux-là donc à mon auis trompent leurs Ecoliers, & les parens d'iceux, qui leur promettent de rendre leurs enfans plus habiles par ce mauuais chemin; lesquels pour faire valoir leur marchandise, & pour faire croire qu'ils sont bons Grecs ou Hebreux, &c. ne parlent que de cette langue qu'ils montrent à leurs auditeurs en fort peu de temps, afin de se faire admirer par dessus les autres Maistres qui ne sçauent pas en perfection ces langues-là, mais qui sont bons Latins; ce qui est plus necessaire, d'autant que tous les peuples apprennent le Latin, quelques-vns l'Espagnol, l'Italien, &c. peu le Grec, & encore moins l'Hebreu.

Pour moy ie suis d'auis que quand on aura iugé quel esprit est propre aux Etudes des lettres, & à quel âge il y doit estre employé, on se serue d'vne bonne methode à luy enseigner le Latin, n'importe qu'elle soit commune & vn peu longue, pourueu qu'elle soit asseuree & auec vn bon ordre, & qu'on luy donne bien du temps à se perfectionner aux Humanitez & à la Rhetorique, puis apres selon le desir de ses parens on luy enseignera le Grec & les vers, ou bien quand il sçaura seulement vn peu de Latin, afin de s'y accoustumer : ce que neantmoins ie conseille de faire à fort peu d'esprits, s'ils ne sont tres-bons, car en verité le Grec & les vers ne seruent qu'à prolonger le cours des humanitez, gastent & brouillent vn esprit mediocre, puis qu'il n'apprendra pas si bien ny si parfaitement le Latin auec le Grec & les vers que seul.

*Pluribus intentus minor est ad singula sensus.*

Et que peut-estre son appetit prendra plus de goust, & aura plus d'inclination aux vers ou au Grec, ce qui luy fera moins embrasser le Latin, l'en degoustera parauanture, & le fera deuenir moitié Grec, moitié Poëte, sans estre Orateur, ny François, ny Latin. C'est l'aduis que nous donne Seneque, quand il asseure que les enfans feront merueille à ce qu'on leur baillera, pourueu qu'ils s'y employent tout debon, & qu'ils ne soient point distraits & diuertis par d'autres exercices: entre lesquels il faut comprendre la Musique, la danse, les armes, les instrumens & semblables, qui attirent plustost l'esprit à soy que les lettres, parce qu'ils ne requierent pas tant de peine, d'attention & d'assiduité, &

donnent plus de plaisir & de diuertissement. Il faut laisser tout cela durant le cours des études, & le remettre apres les humanitez, ou la Philosophie.

Que sert-il a beaucoup de personnes d'auoir étudié au Grec, à l'Espagnol & aux Mathematiques, car
depuis qu'ils sont sortis des Ecoles,
ils n'en ont peut estre pas dit trois
mots, pas leu vne page, & durant le
cours de leurs études ils auront employé la moitié ou le tiers du temps
aux vers, à l'Italien, ou à d'autres langues, s'ils l'eussent mis à la langue
Latine ils sçauroient beaucoup de
belles choses qu'ils ignorent. Mais
les meilleurs esprits ont affaire de
Grec & de vers, parce que cela
éueille & exerce l'esprit, & le per-
fectionne entierement.

Apres la Rhetorique l'vsage common veut qu'on apprenne la Philosophie, l'en suis content, mais auant ie voudrois iuger si l'esprit du ieune homme est capable de ces difficultez-là, car il est certain que beaucoup d'esprits auront fait merueilleaux humanitez & à la Rhetorique, qui ne feront rien à la Philosophie, pour autant que comme nous auons dit ci-dessus, il faut à cette science outre la memoire, vn grand iugement & vne bonne raison, qui ne seront peut-estre qu'à beaucoup de temps apres dans ces esprits; *si modo quod primum est non memoriæ sed rationi quoque sufficit.* Si vous les mettez trop tost à la Philosophie ils seront moins sages apres leur cours que deuant, & vous leur aurez fait perdre bien du temps qu'ils auroiẽt peu employer à d'autres exercices, comme aux Mathematiques, à ap-

DE LA IEVNESSE. 121
prendre l'Italien, l'Espagnol, &c. à danser, à tirer des armes, monter à cheual, mesme à voyager. Et qu'il ne vous semble pas étrange si apres toutes ces choses-là (qu'on a coustume d'apprendre apres la Philosophie) ie vous conseille d'enseigner la Philosophie à vn ieune homme, car il sera sans doute paruenu à l'âge de 22. ou 23. ans, où il doit estre en estat d'auoir vn Office, d'autant qu'il vaudroit mieux ne luy bailler ny Charge ny Office qu'à 27. ou 28. ans, pourueu qu'il fust habille homme, que de luy en bailler à 22. ou 23. & qu'il fust ignorant: ce qui luy seruira ou nuira toute sa vie.

Mais sans doute vn ieune homme de 22. ans ne voudra pas s'assuiettir ny se reduire à étudier, s'il en voit d'autres de son âge qui auront fait toutes leurs études, & possederont

*Obiection.*

des Charges; s'il a du iugemét, de la raison & de l'affection pour son auâcement & son honneur, il mettra sous le pied toutes ces vaines considerations, qui ne sont épineuses, qu'à cause que tout le monde tâche de ietter de bonne heure ses enfans dans les Charges, encor qu'ignorans & incapables: mais si on veut se souuenir qu'il y a eu, & qu'il y a encor à present dans les Parlemens des personnages fort doctes & fort sçauans, dont on fait autant d'estat que des oracles, lesquels ont commencé de s'adonner tout de bon à l'étude à 40. & 45. ans, on n'aura point de honte ny d'auersion d'étudier la Philosophie à 21. ou 23. ans, veu que nos Anciens, plus sages & plus prudens que nous, ne l'apprenoient que sur le déclin de leur vie, ou en la fleur de leur âge.

Si neanmoins vous ne voulez pas laisser aller vn enfant iusques à 22. ou 23. ans sans auoir apprins la Philosophie, donnez-luy vne personne qui luy enseigne non pas vne infinité de questions inutiles (qui ne seruent qu'à offusquer les lumieres de l'entendement, & à prolonger les études) mais la bonté & la quintessence de la Philosophie : ce qu'il apprendra sans doute, & sans tant de peine & de difficulté, & qui luy profitera autant que s'il sçauoit les plus grandes difficultez, & les plus profondes questions, qui ne seruent qu'à amuser vn esprit dans la demangeson de disputer en l'air & se rompre la teste à force de crier & d'argumenter. En suite enuoyez-le voyager, ou faites luy apprendre les autres langues & exercices; par apres s'il a oublié de ce qu'il sçauoir, donnez luy vne personne qui luy fasse repeter ce qui luy sera necessaire, & que la honte ne l'empesche point de se perfectionner en la vigueur de ses annees.

Laquelle chose aussi ie conseille aux Seigneurs & Gentils hommes qui se contentent d'ordinaire d'vn peu de Latin, ou n'en veulent point du tout, parce que la Philosophie contient en soy de si belles curiositez & de si necessaires connoissances (quoy que si on les traitoit simplement & clairement, fort aisées) que ie croy qu'vn homme ne pourra iamais bien paroistre dans les bonnes copagnies, s'il n'a fait vn recueil de ces fleurs, dont il peut se seruir à tout bout de champ pour satisfaire vne honorable compagnie. Aussi est il vray qu'vn Philosophe & vn Orateur sont plus differens d'auec vn stupide & ignorant, qu'vne beste brute n'est esloignée de la raison & du iugement d'vn Rustre & d'vn Ignorant.

*M. du Pleca son Eloquence Francoise.*

C'est ce qui a fait dire à Seneeque que la vie tant douce & paisible puisse-elle estre est la mort & le tombeau d'vn homme viuant qui n'a point d'estude, d'autant qu'il n'a aucun entretien pour se diuertir dans la solitude où il peut estre reduit, & qu'il n'a point d'armes pour opposer aux foudres & disgraces que le changement de la fortune luy peut enuoyer, quand il n'a point de Philosophie.

Que si l'on n'enseignoit que ce qu'il y a de plus necessaire dans la Philosophie à ceux qui voudroient bien en peu de temps la sçauoir, il n'y a point de doute qu'ils l'apprendroient aisement; car la quantité &

& la multitude des questions inutiles (qui sont infailliblemēt les plus espineuses) estant ostée, il ne luy resteroit pas beaucoup de choses à sçauoir dont il pourroit facilement venir à bout. De mesme façon les femmes & les filles pourroient sans doute & sans beaucoup de peine aprendre la Philosophie Françoise, car beaucoup ont assez d'esprit pour ce suiet là, & ont le iugement meilleur que les hommes qui la sçauent, ce que ie leur conseillerois d'essayer; car il est certain, que ce leur seroit vn bel ornement, & celles qui la sçauroient pourroient se vanter d'auoir plus dauantage par dessus les autres, que les belles n'en ont au dessus des laides, puisque les dons de l'esprit sont infiniment plus auantageux que ceux du corps; elles se feroient admirer és cōpagnies & assemblees où il leur faut quelquefois faire epreuue de leur esprit & iugement. Les peres & meres cherchent souuent le moyen de rendre ciuiles & adroites, ingenieuses & bien disantes leurs filles; Ie des-puis asseurer qu'il n'y en a point de si excellent ny de meilleur, que les raretez que contient la Philosophie.

## DES METHODES
nouuelles, & quelle est la meilleure & la plus certaine.

### DISCOVRS V.

Omme il est meilleur à vn Iuge d'estre plus docte qu'ingenieux, plus prudent que subtil, & d'auoir plus de connoissance & de science à bien expliquer les loix des Iurisconsultes, que d'industrie à en inueter de nouuelles : ainsi vn homme qui entreprend l'instruction des enfans doit estre plus sçauat & experimenté que subtil & inuentif, & il doit plutost appliquer son esprit à bien expliquer les regles & preceptes des Gram-

Grammairiens, & les faire comprendre à ses Escoliers, qu'à tascher de descouurir quelque nouuelle methode, par laquelle il s'imagine des secrets admirables, pour abreger le cours de leurs études. Car à quoy bon inuenter tant d'inuentions, puis-que les institutions de nos ancestres sont bonnes? Si les regles & preceptes qu'ils nous ont laissez apres leur mort n'auoient point esté approuuees consecutiuement de toute leur posterité; ou qu'ils eussent oublié quelque chose en icelles, ou qu'ils n'eussent pas esté plus grands esprits & plus doctes personnages que ceux qui se meslent à present de trouuer de vieux secrets, ie consentirois à quiter leurs instructions, & suiurois volōtiers les inuentions de ces nouueaux Grammairiens. Au commencement des maladies il fallut cher-

I

cher des medicamens pour les guarir, mais à present il n'est besoin que de s'en bien seruir, puis qu'il n'y a point de maux ausquels on n'ait trouué des remedes. Tout de mesme quand on a voulu apprendre les langues, il a fallu chercher des regles & des preceptes pour en faciliter le chemin; maintenant qu'il y en a tant de si bons & de si asseurez, pourquoy en inuenter de noueaux qui soient incertains, & qui ne valent peut-estre rien, *totamen remedia summa cura exploranda fuisse, nunc verò iam explorata esse, neque ulla aut noua genera morborum reperiri aut nouam desiderari medicinam.*

Cels.

Seruons-nous de ceux que l'vsage & l'experience ont rendu asseurez & fort excellens, & laissons à part les nouueautez qui ne causent pour l'ordinaire que du trouble &

de la confusion.

*A certis potius & exploratis petendum* Idem.
*esse præsidium id est his quæ experien-*
*tia in ipsis curationibus docuerit, sicut*
*in cæteris artibus.*

Tous les Escriuains Philosophes & autres sont d'auis qu'il faut lire les anciens Auteurs, & ne se pas tant amuser aux recens, Zenon, Aristipe & Seneque l'ont persuadé à leurs auditeurs. On trouuoit sans cesse Iulien Cardinal de sainct Ange, apres les vieux liures, & Plutarque entr'autres asseure qu'ils sont tout à fait necessaires à l'instruction des enfans. Il vaut tousiours mieux boire à la source qu'au ruisseau, & pas vn Philosophe ne laissera Aristote & Seneque pour lire les modernes Scolastiques, si ce n'est vn apprentif ou ignorant en Philosophie.

Ces Grammairiens de nouuelle

inuention & impression, ne peuuent estre mieux comparez qu'aux charlatans, qui auec leurs affiches par toutes les rues promettent des choses admirables & des secrets infaillibles, desquels ils vous feront voir vn échantillon, si vous voulez les aller trouuer dans leur chambre; ou ils vous étallent vne file de mots choisis de long temps pour vous faire prendre enuie d'vser de leur oruietan; mais si à loisir vous y faites reflexion, & vous sondez les drogues dont ils font tant de bruit, vous découurirés vn nouueau secret rapiecé de quantité de vieux, dont on se seruoit il y a desia long temps, lesquels pour estre confusément meslez font vn remede aussi propre contre l'ignorance, que le baume de ces charlatans aux blessures enuenimées. Les autres Maistres d'Ecole devroient aimer ces nouueaux Docteurs, comme les Medecins sont tenus de cherir les charlatans, qui leur baillent beaucoup de pratique, parce qu'ils font plus de personnes malades qu'ils n'en guerissent, n'estoit qu'ils enueniment tellement la maladie qu'il n'y a plus de remede. Et de fait, si vous considerez bien vn enfant que vous aurez laissé trois ou quatre ans entre leurs mains, vous trouuerez pour vostre argent vn beau dehors peint de diuerses couleurs; mais ouurez le cabinet de leur esprit pour y remarquer quelque rare piece vous n'y verrez que des bouteilles de vent.

Ie m'imagine que quelques parens plus curieux de faire passer au grand galop la carriere des études à leurs enfans que de les y mettre, quand ils aperçoiuent au coin d'vne rue de nouuelles affiches d'vn quidam qui promet en six mois de rendre vn Ecolier aussi bon Orateur Latin que Ciceron, ou Grec que Demosthene, ou aussi bon Poëte que Virgile, & mesme aussi docte que tous trois ensemble; ils quittent toutes leurs affaires pour aller converser auec ce Docteur vniuersel, la mine & l'entretien duquel les charme tellement, que quand ce seroit le plus ignorant du monde, ils le rendroient plus fameux pour sa doctrine, qu'Archimedes ne fut pour ses Mathematiques; & le premier de leur connoissance qu'ils rencontreront, ils ne manqueront pas de luy faire vn panegyrique de la science de ce recent Docteur, qui est tout aussi bon Philosophe, Mathematicien, Astrologue, &c. que Grammairien: Et ils estiment d'autant plus sa methode, qu'ils la croyent nouuelle, (aussi d'ordinaire les moins sages sont les plus curieux d'apprendre des nouueautez.) Ces nouueaux Docteurs sont du nombre de ceux dont le Naturaliste parle, lors qu'il dit que les discours affectez de quelques vns & leurs paroles trices frappent les oreilles, mais ne font point de fruict; Plutarque disoit aussi que beaucoup de personnes ne faisoient qu'amuser & abuser leurs auditeurs de promesses, & cependant qu'ils ne leur apprenoient rien de profitable.

Et qu'ils ne répondent pas comme font les Huguenots de leur Religion, qu'ils disent tenir des Apostres; que leur methode est la plus ancienne, qu'elle tire son origine dés les premieres institutions des preceptes, & qu'elle a esté peruertie par la longueur du temps; veu que suiuant la pensée du Poëte Lyrique, il y a plusieurs choses qui sont hors d'vsage, lesquelles y reuiendront,

*Multa renascentur quæ iam cecidere,
  cadentque,*

*Quæ nunc sunt in honore vocabula si
  volet vsus.*

Et que peu à peu ces preceptes-là ont degeneré en de mauuaises regles, & en de pernicieux abus, qui se sont glissez parmy les gens de lettres, & les lettres mesmes; car ils ne me sçauroient faire voir leur réponse dans aucun Auteur, ny me la prouuer par aucune raison qui soit valable, ny par experience de longue main,

Cels. *ne inter initia quidem ab istis quæstionibus deductam esse medicinam, sed ab experimentis,* & toutes les raisons & subtilitez desquelles ils se seruent pour ce sujet ne valent rien, puisque l'vsage qui en cet endroit tient le premier lieu, les combat directement.

Mais sans découurir dauantage le fard de ces methodes plastrees, iugeons quel chemin est le plus court de suiure les preceptes de nos predecesseurs, ou les instructions de ces modernes. Ie voudrois leur demander s'ils ont plus d'esprit que Despautere & qu'Erasme, sans parler des plus anciens, comme de Quintilien, de Valla, & des autres, ou bien s'ils ont vn nouueau Latin à nous apprendre, & si leur methode n'est pas composee des huict parties de l'Oraison. Despautere que l'on doit admirer comme le plus excellent autheur des siecles derniers pour l'instruction de la ieunesse, n'a rien dit dans son admirable Liure, que ses deuanciers n'ayent écrit; seulement a-t'il composé des vers de ce que les autres auoient mis en prose, & tiré la quintessence des meilleurs Orateurs, Poëtes & Grammairiens ; en quoy certes il est d'autant plus admirable, qu'il a tout à fait applani le chemin que les autres auoient seulement frayé. Tous les meilleurs Liures qu'on fait à present sont tout de mesme que ceux qu'on auoit écrit il y a plus de cent ans, sinon qu'on les dispose d'autre façon ; & si vous y prenez garde, vous verrez que ce sont les mesmes pensées, les mesmes phrases & les mesmes mots ; & enfin on en fera tant de nouueaux, qu'on sera contraint de recourir à la premiere source, & de ne mettre d'autres liures en lumiere que les plus vieux, comme nous voyons desia qu'on s'étudie à remettre sous la Presse de bons Liures, que les nouueaux auoient fait presque abandonner entierement.

## DE LA IEVNESSE.

Ie m'estonne comme on trouue des personnes si aueuglees que de croire qu'vn homme rendra en six mois vn enfant bon Latin & Orateur, veu que le Prince des Orateurs Latins a esté six fois plus de temps à le deuenir, quoy que ce fust sa langue maternelle, & qu'il y eust de tres grandes dispositions, & ces Docteurs vous demandent vn esprit bon ou mauuais pour en faire des Cicerons, Virgiles & Demosthenes tout ensemble. Quelques-vns neanmoins depuis peu ont reformé leurs promesses, car ils ont veu qu'on s'apperceuoit de leur tromperie: c'est pourquoy ils veulent à present vn bon esprit, bien iudicieux, & qui soit hors d'âge d'aller aux Colleges, enfin vn homme tout fait.

A la verité si vous estiez asseurez qu'ils peussent apprendre aux meilleurs esprits les sciences, non en six mois, ny vn, ny deux ans, mais en trois ou quatre, ie vous conseillerois de les honorer comme des oracles, mais ie sçay pour certain, que tant s'en faut qu'en ce temps-là ils apprennent quelque chose de bon & d'vtile aux enfans auec leur ingenieuse methode, que ie leur bailleray cinq, voire six ans, sans qu'ils le puissent faire dans vn esprit mediocre. Ie retranche tout le temps qu'il faut pour leur apprendre à lire & écrire passablement; car ie sçay que la pluspart à present se vantent d'apprendre en deux ou trois mois à lire parfaitement, & leur methode est de ne leur point faire appeller les lettres, & faire dire tout d'vn coup vne syllabe, puis vne autre, & ainsi du reste, ce qui va à pas d'asne; Mais ie veux qu'ils sçachent que dans deux ans, voire peut-estre iamais, vn enfant ne sçaura bien lire couramment & parfaitement de cette façon, & ie n'auance point cette proposition sans l'auoir experimenté en diuers esprits, lesquels ayans appris plus de deux ans de cette façon, ne pouuoiét aucunement lire vn mot vn peu difficile, par exemple, si à la fin d'vne ligne ils treuuent *const.* & au commencement de l'autre *antiam*, ou semblables: ostés donc tout le temps necessaire pour la lecture & l'escriture (car au moins faut-il qu'vn enfant sçache lire & vn peu escrire pour luy apprendre vne langue qu'il ne sçait pas,) ie soustiens qu'vn enfant de mediocre esprit ne sçauroit deuenir assez sçauant pour le Latin par leur methode en deux, ny trois ans; toutefois ils vous promettent de vous en faire voir l'exemple en la personne de quelqu'enfant, lequel sans doute aura l'esprit fort excellent, & aura esté dressé & sifflé (comme on fait les perroquets) sur certaines matieres, sur lesquelles ils ont jugé qu'on les interrogeroit; mais si vous voulez découurir le secret de leur methode, tirez-les de leur fort, & leur faites d'autres demandes, & vous connoitrez que ce qu'ils possedent de meilleur ne vaut presque rien.

Seneque nous apprend que certaines personnes ont eu en leur partage vn naturel & vn esprit si rare & si excellent, que sans beaucoup d'etude & de trauail ils apprennent ce qu'on leur montre, & le portent au bien si tost qu'ils en entendent parler; c'est pourquoy ne vous estonniez pas si vn Maistre d'Ecole vous fera voir quelque chose plus que l'ordinaire dans vn esprit, il ne le fera pas dans tous ses Ecoliers. Et ce bon esprit ici qui de son inclination sera fort studieux iour & nuit, s'appliquera tellement à l'étude qu'il ne prédra ny repos ny relache pour arriuer au but que son Maistre luy prescrit; ce qu'ayant continué treize ou quinze mois, il est impossible puis apres qu'il ne tombe malade, le corps & l'esprit ne pouuans estre si long-temps, ny si fort occupez sans detriment, voyez en suite la consequence à quoy cela tire.

La raison principale pourquoy en si peu de temps il est impossible d'apprendre le Latin parfaitement, c'est que de tous les Arts tant liberaux que mechaniques, celui-ci est le plus difficile & le plus long, en ce qu'il a plus de preceptes & plus de regles que les autres : & neanmoins l'vsage nous enseigne qu'il y a des Arts qui requierent des meilleurs esprits plus de trois voire quatre ans pour en auoir l'entiere connoissance.

*Histoire plaisante* J'eu vn iour la satisfaction de découurir l'adresse de ces gens ici sur vn enfant âgé de 13. ou 14. ans qu'vn des plus rusez & raffinez de cette cabale me proposa & me pria d'interroger, s'asseurant que ie ne luy demanderois rien que de commun, sur quoy il l'auoit dressé long-temps auparauant, ce que ie fis du commencement, à quoy certes il satisfit vn peu, mais si tost que ie voulu le détourner de son chemin, ie l'égaray tellement qu'il fut contraint de demeurer, son Maistre ayant pris la parole pour le faire auancer, eust esté presqu'aussi tost arresté que luy, si i'eusse voulu pousser dauantage. Or il est à remarquer que de quinze ou
seize

seize pensionnaires que cet homme-là instruisoit pour lors (quoy qu'il en eust de quinze ou seize ans,) il n'osa m'en laisser interroger aucun que celuy dont nous venons de parler, lequel il envoya chercher, pour n'estre pas alors avec ses compagnons dans l'Ecole, & auant que d'arriuer me confessa estre le meilleur esprit de ses Ecoliers.

Mais encor si la pluspart de ces inuenteurs de vieux secrets ne gastoiét point l'esprit des enfans avec leurs nouuelles methodes, & qu'ils ne fissent que prolonger le temps de leurs etudes, & qu'au moins s'ils n'enseignent rien de bon, qu'ils n'apprissent rien de mauuais, ils seroient excusables, puis qu'ils ne sont tenus d'enseigner que ce qu'ils sçauent; mais le mal est pour les enfans qu'on a mis entre les mains de ces gens là, *Nemo dat quod non habet.*

K

qu'ayant perdu trois ou quatre années, pendant lesquelles ils auront contracté quelque mauuaise habitude, il faut presque autant de temps, quand on les baille à vn autre a instruire, pour la leur faire quitter, qu'ils en ont mis à la prendre; ce qui ne se peut sans incommoder l'esprit qu'il faut vn peu forcer & violenter, pour luy arracher ces mauuaises & nuisibles racines, lequel souuent se trouble au combat de choses presque toutes contraires.

Tous les Philosophes, mais sur tout Socrates & Antisthenes asseurent que la meilleure science qu'on puisse apprendre c'est de des-apprendre, & de faire quitter les choses mauuaises; & c'est ce qui fut cause autrefois qu'vn Musicien demanda plus d'argent pour des-apprendre vn Ecolier qui auoit esté mal instruit, qu'il n'en falloit pour apprendre son art, parce qu'il y a plus de peine à faire oublier vne mauuaise chose à vne personne, que de luy en apprendre vne bonne.

Encor bien que ces recens Docteurs enseignassent quelque chose de bon par ces subtiles & si vieilles inuentions, il faut necessairement leur faire acheuer tout le cours de leurs études de la mesme façon, autrement il y aura toujours quelque chose à défaire & refaire, ce qui toutefois ne se peut, car ie veux qu'ils leur enseignent les humanitez, (ce qu'ils n'ont iamais fait entierement.) Il faudra venir à la Rhetorique & Philosophie qu'ils n'eseignent point, ausquelles ils auront vn grand defaut. Pour ceux qu'on met aux grãds Colleges, afin d'acheuer leurs humanitez & Rhetorique, il est euident qu'ils y sont aussi neufs que s'ils n'auoient presque iamais appris vn mot de Latin, car la methode en est toute contraire ; ce que l'experience fait voir tous les iours.

L'esprit d'vn enfant est vne carte blanche, sur laquelle vous pouuez écrire toutes sortes de caracteres, mais si vous y en imprimez de mauuais du commencement, vous ne pourrez iamais si bien les effacer qu'il n'y paraisse, & n'y reste quelque tache, & vous aurez bien de la peine à y en faire de bons, sans la broüiller.

Ie ne nie pas pourtant qu'il n'y ait vn chemin plus court que l'ordinaire des Colleges, quand on veut instruire vn enfant en particulier, car on peut retrancher beaucoup de choses superfluës, & qui ne seruent qu'à prolonger le cours des études : mais de croire qu'en six mois, ( d'autres n'en demandent que quatre ) on apprenne suffisamment la langue Latine & son eloquence, ce sont autant de chimeres qu'ils font de promesses. Au reste, si on veut mettre les enfans aux Colleges quand ils seront plus forts, il est tout à fait necessaire de les commencer & instruire de la mesme façon dont on y vse, si on ne veut point les y mettre, mais leur enseigner en particulier les humanitez, & Philos. on peut fort bien leur bailler d'autres instructiōs certaines; & ne faut point precipiter leur esprit, mais peu à peu le façonner.

Ie ne sçaurois non plus loüer ny approuuer la methode de ceux qui enseignent le commencement des caracteres aux enfans & la lecture, sans leur faire appeller les lettres, & les faire assembler, parce qu'outre ce que nous auons dit ci-dessus, ils ont vne si grande indisposition, non-seulement de se perfectionner à la lecture, mais d'apprendre l'ortographe, & de mettre en écrit leurs pensées & discours, ou ce qu'on leur dicte, qu'il est presque iamais impossible de les dresser par ce moyen, & faut necessairement les mener par vne autre voye, & les contraindre de quitter cette habitude tout à fait nuisible & dommageable. Ils ont tous leurs mots si confusément embrouillez dãs leur imagination, que la pluspart du temps ils ne sçauent par où commencer, ny quelles lettres il faut ioindre les vnes auec les autres; & quand il se rencontre vn mot vn peu difficile, on leur feroit plutost prendre la Lune auec les dents, que de leur faire mettre deux syllabes de suite & sans faute.

Le meilleur secret que ie sçache & le plus asseuré pour apprendre les sciences, est de choisir vne bonne methode, pas trop difficile, pour n'estre pas des plus breves elle n'en est pas pire, & souuent elle est la plus certaine, laquelle il faut enseigner auec bon ordre, & de bonnes regles, sur tout expliquer clairement & distinctement ce qu'on baille aux enfans, tant pour aprendre par cœur, que pour mettre par écrit. Vous trouuerez quelque chose de bon, d'aisé, & de bien court dans vne methode nouuelle qui a esté imprimée chez Antoine Vitré ruë S. Iacques en l'an 1644.

Le Prince de l'Eloquence Latine nous a laissé dans ses ecrits que toutes les sciences & les arts doiuent estre nettement & clairement enseignez, sur tout ce qu'il y a de plus obscur. *Si tibi quædam videbuntur obscuriora cogitare debebis nullam ar-*

*tem literis sine interprete & sine aliqua exercitatione percipi posse.* C'est pourquoy en ceci principalement, puis qu'il s'agit des enfans qui sont sans iugement & presque sans raison, il est besoin d'vn habille-homme qui les instruise clairement & facilement, & qui leur deuelope & mette bien au net toutes les difficultez, lesquelles autrement ils ne peuuent comprendre. A quoy il adiouste l'exercice, car il est certain que sans luy on ne peut rien sçauoir, & quand vous leur bailleriez des plus aisez moyens du monde, si vous ne les leur faites pratiquer, ils ne leur seruiront de rien ; à cause dequoy il faut donc souuent exercer les esprits non-seulement sur les choses qu'on leur baille presentement, & qu'on leur a baillees depuis peu, mais aussi quelquefois sur ce qu'ils ont veu il y a desia long temps, afin de voir s'ils s'en souviennent & s'ils en ont fait leur profit: veu que Seneque asseure que la memoire tant bonne soit-elle, oublie les choses qu'elle quitte & qu'elle ne reuoit plus. Cet exercice-là neanmoins ne doit pas estre continuel ny de trop longue duree, car le trop grand exercice des lettres mine autant les forces de l'esprit, que le trop grand trauail & trop violent exercice du corps l'abat & l'affoiblit; & on ne doit pas sans cesse trauailler l'esprit des enfans apres l'étude, comme font quelques Maistres, qui croyent qu'ils n'apprendront iamais tant qu'en étudiant continuellemét; car pour quelque temps à la verité cela les auance, mais à la fin l'esprit & le corps se treuuent affoiblis & gastez pour auoir esté trop de suite occupés & trop contraints à l'étude.

Puisque Plutarque nous a laissé cette verité par écrit, quand il dit que l'esprit & le corps se gastent par vn étude immoderé, on doit leur faire prendre de la recreation par interualle, & pour le moins leur donner autant de temps à iouër & à se diuertir, qu'ils en employent à étudier. C'est pourquoy deux ou trois heures de suite au matin, & autant apres disner, suffisent pour des enfans; pourueu que ce temps là soit bien employé, ils en apprendront plus que si tout le iour on les contraignoit à l'étude, outre que la contrainte, la trop grande, & la trop longue assiduité degoustent les esprits de l'étude, & leur font prendre auersion des letrres, elles affoiblissent grandement les forces du corps & de l'esprit : c'est ce que i'ay veu en plusieurs enfans enclins à l'étude, qui pour y auoir esté trop attachez tout de suite, apres quelques années, ont eu l'esprit si peu propre aux lettres, qu'ils n'ont presque rien fait, quoy qu'ils ne manquassent d'esprit ny de bonne volonté; d'autres sont morts; beaucoup ont esté malades à l'extremité; ce qui dégouste aussi les plus ardens & plus addonnez à l'estude, change le bon desir qu'ils auoient, & leur fait prendre auersion des sciences. Il ne faut pas pourtant les laisser trop iouer, parce que sans l'étude ils n'apprendront rien, mais leur regler deux ou trois heures pour étudier, ainsi que nous venons de dire.

Ceux toutefois qui sont d'vne complexion de corps & d'esprit plus forte & plus robuste, peuuent employer quelque temps à l'étude plus que les autres, puis qu'ils n'encourreront pas tant de danger d'incommoder leur santé.

Mais sur tout quelques preceptes & instructions que vous leur bailliez, faites les assez courtes, pourueu qu'elles soient intelligibles, & qu'ils les puissent comprendre. C'est la pensee de Pytagore, qui dit, *ne multis verbis pauca comprehendas sed paucis multa*, car trop de discours sont superflus, & seruent plutost à charger & greuer la memoire & le iugement, qu'à les aider & façonner; & comme dit Horace, tant de paroles procedent d'ordinaire d'vne personne qui en a trop, mais peu de bonnes & profitables.

*Quicquid præcipies, esto breuis; vt cito dicta*

*Percipiant animi dociles, teneantque fideles:*

*Omne superuacuum pleno de pectore manat.*

I'espere, Dieu aidant, à quelque teps

d'ici vous décrire plus euidemment dans vn petit Recueil la methode facile à conduire peu à peu le iugement & l'esprit des enfans à comprendre successiuement & sans peine les premieres sciences, & comme il faudra les tirer des plus épineuses difficultez qui se rencontrent en ces commencemens, & le moyen de tourner nostre langue en la Latine pour les phrases & dictions nouuelles dont on se sert à present; & la Latine en Françoise.

## QVELS ENFANS ON doit faire instruire à la maison, & quels aux Ecoles, & en quelles écoles on les doit mettre.

## DISCOVRS VI.

IL ne suffit pas d'auoir iugé quels enfans ont l'esprit propre aux études des lettres; ce n'est pas assez de sçauoir en quel temps on doit commencer à les instruire : la façon & la methode y sont encor fort necessaires, & sont l'instrument qui polit leur esprit, & de grossier qu'il est & à demy brutal, le fait deuenir plus raisonnable & mieux raisonnant: mais outre tout cela le lieu & l'endroit où on veut les mettre pour apprendre, sont fort considérables: car puisque dans tous les arts on choisit vne bonne boutique pour mettre les apprentifs; à plus forte raison en celui-ci doit-on choisir vn lieu qui soit tres propre, & où il y ait bon exercice.

Les lieux les plus frequentez sont d'ordinaire estimez les meilleurs; par exemple les Colleges les plus fameux ne sont en vogue par dessus les autres, qu'à cause de la quantité de ses Ecoliers, qui fait croire que la discipline & l'exercice y sont tres bons (quoy que souuent le trop grand nóbre soit plus nuisible que profitable.) Mais auant que ietter les enfans dans ces seminaires de doctrine & de vertus, il faut leur enseigner quelque chose pour les introduire dans les classes: de ces petits & premiers cōmencemens-là, depend la totale fondation des sciences; puis qu'vn batiment tire son origine & sa subsistance de ses fondemens; or pour bien trauailler à ces principes-là, il faut les mettre en bon lieu, & les commettre à des gens qui en soient capables.

L'erreur d'apresent s'est si bien glissee dans les esprits de la pluspart des hommes, qu'ils asseurent que les enfans n'apprendront rien de bon, si on ne les chasse hors la maison, & si on ne les éloigne du lieu de leur naissance, croyant qu'en perdant de veuë leur ville, ils perdront aussi les mauuaises habitudes qu'ils y auront prises, & que quand ils retourneront à la maison, ils seront tous autres, & bien plus habilles qu'ils n'estoient pas, *puis qu'aucun Prophete n'est* n'eſt eſtimé dans ſon païs. Ces gens ici pluroſt las & ennuyez de leurs enfans, que curieux de les faire bien inſtruire ; d'ailleurs épris d'vne ſi grande auarice, qu'ils ne ſe ſoucient point à quelle ſauce on mette leurs enfans, pourueu qu'ils épargnent de l'argent; ſe deffont de leur propre ſubſtance le moins tard qu'ils peuuent, afin de s'engraiſſer d'vne ſubſtance étrangere & ſordide, dont ils ſeront prodigues à la moindre compagnie qui les viſitera. S'ils auoient conſulté Socrates ſur l'entretien de leur famille, ils apprendroient que le meilleur & le plus grand reuenu qu'on puiſſe auoir c'eſt le bon ménage ; qu'il faut faire des dépenſes à propos, & non pas des profuſions à toutes les compagnies qui viendront; il faudroit en retrancher quelque choſe, & l'employer à l'e-

L

ducation de leurs enfans, qui est tout à fait necessaire. Pendant que leur sang est à se geler durant les rigueurs & les aspretez d'vn fâcheux hyuer, ils se diuertissent auprez d'vn bon feu à ioüer & à banqueter ; & dans vn seul iour ils perdront quelquefois plus, que leur enfant ne dépensera en trois ou quatre annees toutes entieres; & voila des personnes qui pensent à l'instruction de leurs enfans, qui deuoit leur estre plus considerable que toutes leurs affaires mesmes, puisque le bonheur ou le malheur de toute leur vie, consiste fort souuent à les bien former dés leur plus tendre ieunesse.

Martial fut autrefois loüé dans Rome, pour auoir piqué de ses pointes ordinaires vn homme de sa connoissance, qui faisoit couurir vne de ses maisons de la campagne en hy-

uer, & laiſſoit tout nud & à décou-
uert le laboureur de ſes terres.
*Horridus ecce ſonat magno ſtridore December*
*Stella tegis villã, non tegis agricolã.*
Mais à plus forte raiſon deuroit-on plus viuement piquer & blámer les perſonnes de noſtre ſiecle, qui tant s'en faut qu'elles ſe mettent en peine du veſtement & entretien de leurs ſeruiteurs, laiſſent leurs enfans tous nuds dans les Colleges & autres lieux, durant les plus aſpres froidures de l'hyuer, & ſe plaiſent à couurir & fourer leurs chambres & maiſons de nates & lourdes tapiſſeries, dont vne piece ſeule couſtera plus d'argent, que leurs enfans n'en dépenſeront en dix ans pour leurs habillemens: Elles ne croyent pas que leurs pauures enfans ayent froid tous nuds & expoſez à la rigueur

des vents, & s'imaginent que leurs superbes demeures, où le feu jour & nuit est allumé, s'entr'ouuriront de froid, si elles ne sont tapissees; parce qu'elles iettent sans cesse les yeux sur ces murailles inanimees, & ne verront peut estre pas en dix ans deux fois leurs enfans. *O cruautez non de tigres, mais de demons! n'auoir pas tant de soin des hommes, mais de leurs enfans, que des choses priuées, non seulement de raison, mais de tout sentiment.*

D'autres entachez du mesme vice d'auarice à l'égard de leurs enfans, qui toutefois semblent leur porter vn peu plus d'affection, ne les éloignent pas tant, & les veulent tenir dans la ville, ou auprez; afin d'y aller faire vne promenade, quand ils ne pourront passer leur temps à d'autre diuertissement, & à cet ef-

fe & s'enqueſtent où on inſtruit la
ieuneſſe à meilleur prix.

*Scire volunt omnes, mercedem ſoluere,
nemo.*

dit Iuuenal, & faiſant mine de conſiderer ſi l'ordinaire de la penſion eſt bonne, ſi le logement eſt commode, ſi l'on aura du ſoin de leurs fils, ſe depeſtrent de cette canaille qui les importunoit à la maiſon, & les laiſſent là bien ou mal, ils y ſont à bon marché, cela ſuffit. Or parmy ces gens ici il ſe treuuera quelque mere, que l'amour maternel touchera vn peu dauantage, ou qui fera paroiſtre auoir beaucoup d'affection pour ſon fils, ſe deffiant bien que la cuiſine n'eſt pas touſiours ſi bonne ny ſi bien garnie, que quand elle y traina ſon enfant, tâchera de ſurprendre le Maiſtre d'Ecole au dépourueu : Elle ſe fera rouler à ſa maison à l'heure qu'elle iuge à peu prés qu'on doit se mettre à table: mais de malheur pour elle, quelque compagnie auparauant suruenuë aura baillé l'alarme à la pension, & aura fait promptement doubler ou tripler la portion: ou bien si la compagnie n'estoit pas de haute etoffe, ou qu'elle fut de connessance, elle n'aura pas tant fait de mal que de peur ; à cause dequoy on n'aura pas fait de grãds preparatifs, mais seulement differé le repas, *que le Maistre asseure ne changer iamais d'heure, arriue qui pourra.* Durant cette remise, si Madame arriue, on fait promptement quelque vieux ragoux d'vn morceau de viande qu'on garde il y a quatre ou cinq iours à tous hazards, s'il suruient quelque personne d'extraordinaire, ou pour remedier au defaut de viande quand on

*Les pensionnaires de la Fleche l'appellent du Billet.*

les surprendra. Mais si toute la preuoyance & pouruoyance de l'œconome n'a peu estre si bonne qu'on ne l'ait trompee, il luy faut faire bonne mine à mauuais jeu, & contenter au moins les oreilles de paroles, puis qu'il n'y a rien dequoy satisfaire ny les yeux ny le ventre; Il se met en colere contre la cuisiniere, c'est grand pitié de ne pouuoir estre bien serui pour son argent; on a mandé au Boulanger d'apporter du pain, au Boucher de la viande, au Rotisseur de la volaille, & ces gens-là se mocquent du monde, ils manquent au besoin, & si on n'en a que faire, ils en apporteront six fois dauantage qu'il ne faut; & par malheur vne honneste compagnie viendra vn iour qu'on sera mal fourny, y ayant plus de six mois qu'on n'auoit esté en si mauuais estat (quoy que si on y alloit tous les deux iours, on treuueroit la mesme chose.) Madame apres le repas entretiendra son fils, ( le temps au moins qu'elle pourra se des-embarrasser des importunitez du Maistre, qui ne la laissera que le moins qu'il pourra, de crainte que le secret ne soit decouuert, & fera signe des yeux & des doigts à son Ecolier de ne dire mot;) si la Dame s'auise elle s'enquestera si l'on est souuent à tel festin ; mais l'enfant qui sçait bien que son Maistre le fera danser au son des verges, s'il dit autrement que luy, en cherira par dessus ses discours, & fera de tres-grandes loüanges du bon traitement qu'on luy fait; d'autant que le Maistre leur a souuent presché, qu'en conscience ils son tenus de suporter son party, & qu'il n'est pas seant à vn enfant bien né de décrier le traitement de son Ecole, encor qu'il y eust faute de quelque chose; qu'au reste cela n'arriue iamais, & qu'ils se souuiennent des volailles, & autres meilleures viandes qu'ils mangent à toute heure; peut-estre qu'en deux ou trois mois ils mangeront vn chapon, ou vn poulet d'inde à 20. ou 25. dont on luy aura fait present.

Si en quelque temps de l'annee on enuoye querir l'enfant pour lui faire vn habit; ou pour passer les Festes de Pasques, ou le Carnaual, & qu'on luy promette de ne le pas dire à son Maistre, il reuelera vne partie du mystere, mais se ressouuenant qu'il y a des verges à l'école, il demeurera au milieu de son discours ; ou peut estre que pressé par sa bonne amie, il dira à batons rompus vne partie de ce qu'il sçait. La mere l'a-

yant sceu, feindra de se fâcher; mais
apres tout il m'importune à la maison, ils ne sont pas mieux autre part,
ny à si bon prix, il faut qu'il passe ce
mauuais temps-là: viste qu'on le rameine à son école. Dites maintenant que ces personnes-là sont fort
soigneuses de leurs enfans, & que
leur instruction & bonne nourriture
leur est aussi considerable, que l'argent, ou que leur contentement.

Cette vertueuse & genereuse Amazone Romaine Cornelie, a laissé
vne belle leçon à toutes les meres,
quand elle leur a enseigné que le
plus grand tresor & le plus bel ornemēt qu'vne honneste femme puisse auoir, ce sont ses enfans bien instruits & bien éleuez à la vertu. Car
afin qu'vn enfant étudie, quand on
la poussé à l'école, il faut qu'il viue
& qu'il soit nourry & bien entrete-

nu, autrement l'esprit n'agira point, si le corps qui en est l'organe & l'instrument n'agit; & comment agira-il, s'il manque d'aliment pour sa nourriture & de bon entretien: & puisque les Medecins asseurent que les bonnes viandes seruent à subtiliser l'esprit, ceux-là n'auront pas beaucoup de subtilité ny d'adresse, qui seront traitez de mauuaises viandes, & mal assaisonnees.

Ces meres là sont bien éloignées de l'amour qu'vne Reyne de France portoit à son fils; car tout au contraire de celles du temps present, qui mettent tous leurs enfans en nourrice si tost qu'ils sont nez, elle voulut entierement nourrir son fils de son propre laict; & ayant seulemēt découuert qu'vne fois il auoit teté vne autre nourrice en son absence, elle en fut si indignee & si faschee, qu'elle fit rendre gorge à son enfant, & reietter plus qu'il n'auoit prins de laict; voulant que la posterité apprist de cette action remarquable, *que les meres sont tenuës d'alaiter de leurs propres mammelles les enfans qu'elles ont porté si long-temps dans leur ventre, & qui est leur propre substance.*

Or vne des principales raisons pour lesquelles la pluspart des femmes mettent leurs enfans hors de la maison, & les esloignent d'elles, apres l'auarice, c'est le desir de paroistre ieunes; car si d'autres Dames venans chez elles rendre visite, ou autrement, faisoient rencontre de leurs enfans jà grandelets, cela découuriroit leurs années qu'elles celent tant qu'elles peuuent. Ceci est la veritable & vnique cause à l'égard des femmes plus curieuses de leur beauté, & plus addonnees à leur plaisir & diuertissement.

On voit tout au contraire d'autres meres, (mais elles sont fort rares,) celles principalement qui ne sont pas si adonnees à leurs plaisirs, qui ont peu d'enfans, & qui sont beaux, ou qui ont enduré beaucoup de trauail à les mettre au monde, lesquelles cherissent si éperduément & si follement leurs enfans, que pour toutes considerations, elles ne se peuuent resoudre à les laisser sortir de la maison, quand mesme on les asseureroit qu'ils s'y perdront, & s'y feront mourir : celles-ci toutefois sont plus excusables que les autres, parce qu'elles manquent par excez ; & les autres par deffaut. Si vous leur conseillez d'oster leurs enfans de la maison pour la santé de leurs corps & de leur esprit ; elles vous diront aussi-tost, qu'ils ne feront pas fi bien dans aucune Ecole, qu'à leur maison, & qu'elles aiment mieux qu'ils se portent bien, & qu'ils soient moins doctes, que de deuenir les plus sçauans du monde, s'il faut tant soit peu souffrir d'incommodité à leur santé. *Il est vray qu'vn homme tant docte puisse-t'il estre, n'a iamais de contentement ny de satisfaction de son sçauoir, s'il est deuenu valetudinaire par son étude; & qu'il se repent plutost d'auoir acquis sa doctrine auec tant de peine, pour n'en receuoir iamais de contentement.* Mais il ne faut pas tousiours croire que tous ceux qu'on met hors de la maison, fassent tort à leur santé; au contraire, il y en a qui se portent mieux dans les Colleges que chez eux, comme la pluspart alterent dauantage leur santé és écoles, qu'ils ne seroient, si on les instruisoit à la maison, parce que ceux-là ayans plus de liberté chez leurs parens pour estre volontaires, & ne pas assez craindre leurs parens & Maistres, ils se tourmentent, & se forcent d'ordinaire tellement à courir, sauter, & vser de mauuais regime de vie, qu'à chaque heure ils se mettent tous hors d'haleine, & tous en eau, & si la fantaisie les prend, comme ils se persuadent que tout leur est permis, ils boiront quantité d'eau froide dans la chaleur qui les rendra malades, ou au moins nuira grandement à leur santé, *ex labore sudanti frigidissima potio perniciosissima est*, dit le Medecin. De plus, ils sont si accoustumez aux friandises & delicats morceaux qu'on leur sert ordinairement, qu'ils ne veulent iamais vser d'autres viandes, que de ragoux, de patisseries, & de confitures, dont ils se remplissent le ventre pour la douceur & delicatesse de ces mets, à quoy ils mettent toute leur affection, ce qui preiudicie grandement à leur santé; veu qu'on n'en sçauroit si peu manger qu'il n'incommode pour la difficile digestion de toutes les choses salees & epicees. *Condita omnia duabus de causis inutilia sunt quoniam & plus propter dulcedinem assumitur, & quod modo par est, tamen ægrius concoquitur.* Ausquels inconueniens ils ne seroient pas suiets si on les mettoit au College, d'autant qu'on ne les nourrit pas auec toutes ces friandises, force leur est de manger des mesmes viandes que leurs compagnons; outre qu'ils sont plus retenus, & ont dauantage de crainte, qui les empesche de tomber és accidens, où la trop grande liberté de leurs maisons les precipite.

Cels.

Ceux

Ceux au contraire que l'on tire hors du logis plutost qu'il ne faut, ou qui ne sont pas d'vne complexion de corps assez forte & assez robuste, pour suporter les fatigues des Ecoles, perdent euidemment leur santé, puis qu'ils sont contrains de s'accoustumer à de grosses viandes, ausquelles la debilité de leur estomac n'est pas propre; & quand mesme on les nourriroit de viandes aussi exquises qu'à leur maison, & selon leur disposition, il leur faut souffrir pour l'ordinaire vn si grand trauail, qui souuent les accable, tant de froid & de chaud, de faim & de soif, que les plus robustes ont bien de la peine à les suporter.

*Qui studet optatam cursu contingere*
*metam*
*Multa tulit fecitque puer sudauit &* Hor.
*alsit.*

Les exemples en sont plus que iour-

M

naliers, & nous voyons à toute heure apporter des enfans, qui sont tombez malades aux Ecoles & Colleges, pour auoir eu froid & chaud, &c. D'autres que l'on est contraint de faire manger en particulier, & de leur enuoyer tous les iours deux ou trois fois leur pitance, comme à de vrais prisonniers. Outre que ceux qui sont timides de leur naturel, fremiront à la moindre menace de leur Maistre, & peu s'en faudra qu'ils ne meurent, s'il fait mine de les vouloir chastier, ou qu'il leur montre des verges; & ceux qui sont d'vne humeur trop reuesche, se cabreront contre les menaces & chastimens, & voudront resister violemment aux corrections, (ce qui est euidemment nuisible à la santé,) si peu à peu la prudence & la dexterité du Maistre ne les range à leur deuoir.

Plutarque qui a doctement écrit de l'education des enfans, nous enseigne qu'vn bon parent, vn bon amy & vn bon Maistre s'etudient plutost à corriger vn homme par la douceur, que par la seuerité & chastiment, s'ils le peuuent faire, n'estant pas toussiours necessaire d'vser de rigoureuse correction, principalement enuers les plus opiniastres, & ceux qui de long-temps ont pris vne mauuaise habitude.

*Nec semper feriet quodcunque minabitur arcus.*

dit Horace, mais quelquefois de douceur & de moderation, il y a mesme souuent de petites fautes que les enfans commettent, lesquelles il faut quelquefois taire, & ne pas faire semblant de voir, car au rapport des Medecins, il faut d'autres remedes aux maux inueterez, & d'autres à ceux qui ne font que naistre. *Aliter àcutis morbis medendum, aliter vetustis, aliter in rescentibus, aliter subsistentibus.* Il est donc tout à fait besoin & pour la santé du corps, & pour la perfection de l'esprit, de mettre certains enfans hors la maison pour les faire instruire; comme il faut necessairement en retenir d'autres au logis afin de subuenir à la debilité de leur corps & de l'esprit.

Or il est bien difficile de iuger asseurement ceux qu'on doit mettre aux Ecoles; car on croira peut estre qu'vn enfant d'vne complexion assez forte, pourra y faire merueille, où il arriuera sans doute qu'il n'y fera rien; de mesme qu'il y en a qui deuiendroient sçauans personnages si on ne les retenoit point à la maison, lesquels n'y font rien, à cause de la trop grande mignardise & delica-

*Cels.*

tesse dont on a vsé en leur endroit. Dans cette difficulté & incertitude ie suis d'auis que ceux qui sont debiles & foibles soient quelque temps instruits à la maison, & qu'on leur donne vn Maistre tel que nous dirons cy-après au Discours 8. lequel en ait vn grand soin, & n'épargne ny peine ny trauail, qui sans auoir plutost égard à ses interests qu'à l'auancement de ses Ecoliers, die franchement son aduis aux parens sur le progrez que leurs enfans font: que si on void qu'ils n'y profitent ny de corps, ny d'esprit, pour auoir esté trop mollement & libertinement éleuez dés leur premiere enfance; parce que suiuant la pensee de Bion les corps trop delicats ne sont pas propres aux etudes, il faut absolumét les oster de la maison, & sans doute ils se feront mieux, en ayant toutefois vn fort grád soin, quoy qu'ab-sens, par visites non trop frequentes, & recommandations aux Maistres, & à ceux qui les gouvernent, commettrá plutost vn homme auprez d'eux, qui n'ait autre soin que de leur personne, ce qui les soulagera beaucoup & pour le corps, & pour l'esprit. Ie conseille aussi de mettre d'assez bonne heure aux Colleges certaines humeurs trop libertines, reuesches, opiniastres, coleriques & fascheuses, qui dans la maison ne portent respect à personne, non pas mesme aux peres & meres, lesquels sont tenus en conscience de chastier eux-mesmes leurs enfans, & ne pas leur permettre toute sorte de libertinages. Car Democrite leur enseigne que d'ordinaire de l'education de leurs enfans naissent leurs contentemens, ou leurs deplaisirs pour le reste de leurs iours.

Puisque les enfans sont sols, il faut que les peres & meres se donnent la peine de chasser auec des verges leurs folies, & leur donner de la sagesse suiuant les paroles du Sage, *Stultitia est alligata collo pueri & virga discipline fugabit eam.* Que s'il arriuoit qu'ils ne se corrigeassent aucunemét aux Ecoles, ains qu'ils deuinssent pires, & qu'ils fissent visiblement tort à leur santé, apres auoir experimenté toutes sortes d'adresses & d'inuentions pour les mettre en meilleur chemin, on peut les r'apeler à la maison, & leur bailler vn Maistre assez graue, & dont la mine paroisse vn peu seuere, dans la chambre duquel ils couchent, qui soit sans cesse apres eux, souuent les meine promener, & qui ne les laisse iamais conuerser ny auec laquais, ny auec seruantes, & autres seruiteurs; leur humeur sera bien difficile s'il n'en vient à bout, pourueu qu'il n'éparghe point son industrie ny sa peine ; puisque Menander nous asseure que les plus difficiles affaires se font auec assiduité & trauail.

Il faut icy remarquer que ce qui gaste souuent l'esprit & les bonnes inclinations des enfans, ce sont certaines nourrices, seruantes & seruiteurs, qui d'eux mesmes sont glorieux, & les portent à la vanité & presomption, suiuant la pensée du Poëte satyrique,

*Maxima quaque domus seruis est plena superbis.*

qui les flattent tousiours, & ne les reprennent iamais, quand ils les verroient faire du mal ; car peu à peu l'esprit croist parmy les malices, & s'y accoustume, à quoy par après on ne peut presque remedier ; puis qu'il n'y a point de meilleur remede con-

DE LA IEVNESSE. 185

tre les maladies du corps & de l'esprit, que de n'auoir iamais esté gasté par trop de libertinage, de paresse, & de méchancetez. *Verisimile est inter nonnulla auxilia aduersæ valetudinis plerumque tamen eam bonam contigisse ob bonos mores, quos neque desidia, neque luxuria vitiarant.* C'est pourquoy c'est vn grand abus & manquement de discretion & de iugemét, de commettre le commencement de l'instruction des enfans à des femmes, tout au contraire de la pensée de S. Hierosme, qui conseilla à saincte Paule de commettre l'education de sa fille à vn habille-homme; car quand ce sexe là seroit aussi sçauant que les plus grands Docteurs, neanmoins la pluspart d'icelles ne peuuent rien faire de bon en cela, puis qu'elles n'ont pas le iugement assez fort, ny l'addresse de se seruir de ce qu'elles sçauent, ny de l'appliquer comme il

Cels.

faut au sujet qu'elles ont entre les mains, & souuent par leur mauuaise methode & prononciation, elles leur font prendre de si mechantes coutumes, qu'vn homme en apres met autant de temps à leur faire quitter ces pernicieuses habitudes, qu'elles en ont employé à les instruire si mal.

Es ecoles où on met les enfans il faut prendre garde que le Maistre se mesle lui mesme de leur instruction, & qu'il ne s'en raporte pas à des sous-Maistres, car souuent si vous ne garnissez la main de ces gens ici, aussi bien que des Clercs des Procureurs, quand vous estes en procez, ils n'ont pas beaucoup de soin de vostre affaire, & ce qu'ils en feront sera plutost par maniere d'acquit que par affection & diligence ; mais quand le principal Maistre s'en donne la peine, il s'y porte auec affection, esperant que les parens luy sçauront gré de l'auancement de leurs enfans; ce que n'esperent pas les sous-Maistres, veu que l'honneur ne leur en est pas d'ordinaire attribué, quoy qu'il leur soit deu, & il ne leur en reuient aucun profit. L'on trauaille auec ardeur & courage, quand on espere au bout de quelque temps en retirer de l'émolument & du profit pour se seruir dans la necessité.

*Frigoribus parto agricolæ plerumque fruuntur,*
*Mutuaq; inter se læti conuiuia curãt.*
dit Virgile. Ceux donc qui ne voudront pas faire instruire leurs enfans à la maison doiuent choisir, (non pas au plus bas prix) vne Ecole, où premierement ils soient bien nourris, car c'est le principal de la vie que la bonne nourriture; quand ils y mettront vingt écus dauantage par chaque annee, c'est peu de chose; on fait bien d'autres dépenses à

leur maison cent fois plus grandes & plus inutiles. Dans ces Ecoles-là s'il se peut, que le Maistre les instruise lui-mesme: ce n'est pas qu'assez souuent les sous-Maistres ne fassent fort bien, mais il faut les leur recommander en particulier; & que dans telles écoles la consideration de quelqu'autre enfant de qualité qui y sera, ne vous incite point d'y mettre les vostres, si vous n'estes tout asseuré qu'ils y feront bien, & que l'on aura grand soin de leur corps & de leur esprit, car pour y auoir vn enfant de condition, il ne s'ensuit pas qu'ils y soient mieux qu'és autres écoles, & celui-là y pourroit estre fort bien, & on aura beaucoup de soin de luy, que le vostre n'en sera pas de mesme, si vous ne sçauez certainement que tous les écoliers y sont generalement assez bien; & si vous ne les recommendez en paroles dorées.

## DE LA NOVRRITVRE
*& gouuernement des Enfans, tant pour le corps que pour l'esprit.*

## DISCOVRS VII.

C'EST icy où la plus haute & la plus profonde science est souuent ignorante, & où les meilleurs esprits & les plus experimentez sont quelquefois aussi neufs & aussi peu capables que les autres : Il faut neanmoins confesser que ceux qui ont de l'experience, y ont beaucoup d'auantage, puis qu'il arriue rarement qu'vn enfant ne soit de la mesme humeur & complexion, ou au moins qu'il n'ait beaucoup de choses qui approchent des humeurs de ceux qu'il aura gouuernez; sur tout s'il en a instruit plusieurs: Il aura donc cela par dessus les autres d'auoir veu & conneu plusieurs choses necessaires, & donné ordre à quelques accidens & inconueniens qui pourroient suruenir, & qui empescheroient peut-estre le progrez des etudes, si on n'y apportoit au plutost du remede.

Ie ne veux ici parler qu'en passant du traitement du corps & de la principale nourriture, puisque cet affaire est à la discretion des parens, s'il est à leur maison, & des œconomes, si on le met aux Ecoles ou Colleges; mais ie diray mon auis sur la conduite de son esprit, dans laquelle il nous faudra parler de ses affections & inclinations, & toucher son regime de vie & ses mœurs, à quoy les Maistres doiuent mettre ordre, puis qu'il est de leur deuoir en instruisant l'esprit, d'en polir & perfectionner l'organe & l'instrument.

Quant à la nourriture du corps, croyons en les Medecins, qui asseurent tous en general, qu'on ne doit iamais accoustumer vn enfant aux delicats morceaux, & aux friandises qu'on sert à table, puis qu'ils ne veulent se nourrir puis apres d'autres choses, & pour ainsi dire quand ils sont plus grands, ne peuuent quand ils le voudroient ; veu que comme nous auons desia dit autre part, toutes confitures, epiceries & patisseries gastent l'estomac ; mais il faut leur faire manger des viandes ordinaires dont tout le monde vse, pourueu qu'elles soient bien choisies & assaisonnees. *Prodest nullum cibi genus cass fugere quo populus vtatur.* Les viandes pour estre grosses ne sont pas les pires, ains fortifient dauantage, pourueu qu'elles soient bonnes & grasses. *In summa omnis pinguis caro omnis glutinosa. &c.*

Idem.

Ie sçay vn Seigneur de marque d'vne des plus illustres & plus opulentes maisons de France, fils vnique, lequel âgé de 19. à 20. ans n'auoit point encor mangé de poulets, de pigeonneaux, ny de perdrix, il auoit esté seulement nourry de bœuf, mouton & veau, qui se porte extremement bien, de complexion forte, robuste de corps, &c, & de bon esprit.

On doit accoustumer les enfans à manger de bon pain, & bien leger, qui fortifiera leur estomac *panis sine fermento stomacho aptissimus.* Il ne faut point du tout leur bailler de vin à boire, car ils n'en sçauroient vser si peu

Gal.

peu qu'il ne les brûle, mais de bonne eau & bien legere, si neanmoins le vin leur est necessaire pour la debilité de leur estomac, ou pour quelque autre incommodité, que ce soit fort peu, & qu'il y ait cinq ou six fois autant d'eau, *vinum dilutius pueris, se-*     Cels. *nibus meracius.* Prendre bien garde quand on fait quelque festin ou reiouyssance, qu'ils ne mangent plus qu'à leur ordinaire: car iamais le ventre trop plein ne profite, de mesme que celuy qui est trop souuent vuide s'affoiblit & se gaste, *nunquam vti-*     Idem. *lis nimia satietas est, sæpe etiam inutilis nimia abstinentia.* C'est la pensee de tous les Medecins, en suite de celles de leur prince, que pour conseruer la santé il ne faut iamais faire aucun excez, soit de bouche ou autrement, mais entr'autres les enfans doiuent s'en abstenir, à cause de la debilité

N

& foiblesse de leur estomac. Si par auanture ils auoient vn peu plus mangé que de coustume, pour y auoir esté incitez par vne compagnie suruenuë, on ne doit pas si tost les contraindre à l'étude, quoy que l'heure soit reglée, mais leur donner plus de temps à se recreer pour aider à la digestion, *post satietatem nihil agendum.*

Cels. *Sin lucubrandum est, non post cibum id facere, sed post concoctionem.*

Ceux qui sont plus debiles que les autres, doiuent estre plus soignez, & moins forcez à l'étude, estre mieux nourris & recreez, afin de reparer les forces de leur corps, qui de soy n'en a pas trop, lesquelles se seroient amoindries par l'étude. *Imbecillis sto-*

Idem. *macho (quo in numero magna pars vrbanorum, omnes que penè cupidi literarum sunt) obseruatio maior necessaria est; vt quod vel corporis, vel loci, vel study ratio detrahit, cura restituat.* Il faut leur fortifier le corps par vn bon regime de vie, à sçauoir bonne nourriture, bon exercice, & pas trop violent, du repos & assez long, car les enfans se nourrissent presqu'autant par le dormir que par le boire & le manger. *Implet autem corpus modica* (Idem. *exercitatio frequentior quies & somnus & plenus, molle cubile, &c.* Ceux qui supportent moins la faim doiuent estre plutost repeus, *sæpe autem in eo magis necessaria cibi festinatio est, qui minus inediam tolerat,* & manger plus souuent, *bis die potius quam semel ci-* Idem, *bum capere. Quominus fert facile quisque, eo sæpius debet cibum assumere, maximeque eo eget qui increscit.* Ne les accoustumer aucunement à manger entre les repas, comme font les nourrices & seruantes qui leur donnent tousiours en cachettes quelques con-

N ij

fitures & fruicts, mais seulement à leurs repas, & leur en faire quatre le jour qui soient bien reglez, & qu'ils soupent de bonne heure & reglément, leur oster la coustume de manger tant de fruits, comme quelques-vns qui ne veulent manger autre chose; car outre que toutes sortes de racines, de fruicts, de lait & de fromage enflent le ventre, à cause de leur difficile digestion, & qu'ils sont venteux, c'est vne mauuaise nourriture, qui corrompt & débauche l'estomac, & engendre quantité de vers, de cruditez, & autres pourritures.

Prenez garde de ne faire pas trop étudier ceux qui de leur nature mangent moins, qui ieusnent, ou qui sont plus suiets d'auoir souuent grande faim. *Vbi fames est, ibi laborandum non est. Si quibus de causis futura inedia est, labor omnis vitandus est.* Aussi

Hipp.
Cell.

tout d'vn coup apres vn grand repos, ou repas, ou recreation, on ne doit pas les contraindre ny les precipiter à l'étude; de mesme qu'apres vn grand trauail & étude, il ne faut pas leur lâcher la bride à se recreer trop dissolument, ny à se reposer trop lâchement. *neque ex nimio labore subitum ocium, neque ex nimio ocio subitus labor sine graui noxa est.*

Call.

Eusebe le Philosophe parlant de la paresse, dit qu'elle gaste le corps, & la lâcheté l'esprit, mais que l'exercice le rend semblable à la diuinité; c'est pourquoy il faut exercer les enfans, non-seulement pour l'esprit, mais encor quand au corps, & les faire recreer à quelque ieu honneste, comme à la paume, au mail, à la boule, à la promenade, &c. les faire reposer de temps en temps, mais ne les laisser pas deuenir lâches & effeminez ; car il y a certains corps, ceux entr'autres qui sont plus debiles, & melancholiques, lesquels ne demandent que du repos, qui neanmoins nuit plus qu'il ne sert & au corps & à l'esprit, puisqu'au rapport des Philosophes & Medecins, l'exercice & le trauail moderé fortifient le corps; au contraire la paresse & la lâcheté l'affoiblissent, & rendent stupide l'esprit; & elles font auancer l'infirmité de la vieillesse, comme le trauail & l'exercice font dauantage durer la vigueur de la ieunesse. *Quiesce-re interdum sed frequentius se exercere, siquidem ignauia corpus hebetat, labor firmat; illa maturam senectutem, hic longam adolescentiam reddit.* Il faut neanmoins se donner de garde que cet exercice ne soit trop violent, ny de trop longue durée, & de ne pas leur permettre dauantage de courir,

*Cels.* (marginal)

& s'exercer, quand on voit qu'ils suent, ou au moins quand ils sont las. *Exercitationis autem plerumque finis esse debet sudor, aut certe lassitudo.* On ne doit iamais leur laisser prendre de mauuaises habitudes, ny du corps, ny de l'esprit: ayez toujours l'œil sur eux, faites-les marcher deuant vous, & considerez leurs gestes & leurs postures; remediez promptement aux deffauts que vous remarquerez, si mesme ils y tombent en ayans esté aduertis plusieurs fois, corrigez-les par chastimens doux, puis plus rudes, s'ils ne s'amendent; vous suiurez en cela la pensée du docte & sage Philosophe Seneque.

Platon nous apprend que ce n'est pas chose de peu de consequence que de s'accoustumer à vn ieu hazardeux, encor qu'on ioüe fort peu; car pour peu que l'on perde, on veut tacher de regagner; & on iouëra iusques au dernier sol. Si on gagne, le ieu attire encor dauantage, & vous incite à iouër plus long-temps par l'esperance de faire vn plus grand gain. C'est pourquoy vous estes tenus d'empescher aux enfans toutes sortes de ieux hazardeux, ou qui portent à iouër beaucoup d'argent; car celuy qui de sa ieunesse s'accoustume à iouër beaucoup, deuenu grand, hazardera, & peut-estre perdra tout son bien.

Les Philosophes tiennent d'vn commun accord que les mauuaises compagnies sont tout à fait dangereuses à tous les hommes, & sur tout aux enfans qui sont plus susceptibles de mal; mais entre tous les autres Xenocrates & Diogenes nous asseurent qu'vn enfant tant vertueux soit-il, ne sçauroit que tres-difficilement converser auec les meschans, sans se perdre: a cause dequoy il leur faut defendre toutes sortes de compagnies non-seulement mauuaises, mais le moins suspectes, & les en éloigner entierement, quand mesme on seroit asseuré qu'ils n'y feroient point de mal. Où il faut remarquer, que souuent les enfans se gastent & se corrompent dans les Ecoles & Colleges, d'autant qu'il ne se peut faire, qu'entre tant de personnes, il n'y ait quelque esprit peruers & meschant, qui par sa frequentation gastera sans doute ses compagnons, fussent-ils des Anges; puis qu'vne brebis galeuse infecte tout vn troupeau.

*Sicut grex totus in aruis*    Iuuenal.
*Vnius scabie cadit, & porrigine porci,*
*Vuáque liuorum conspecta ducit ab vua.*

Ce qui fait qu'vn honneste & graue

conducteur leur est tout à fait necessaire pour les tenir en crainte par tout où ils iront, pour prendre garde à leurs actions, & les empescher de faire ny dire aucune chose deshonneste. Mais il est bon de les faire conuerser auec gens de leur condition, qui soient bien nez & bien morigerez, & desquels ils ne puissent rien apprendre que de bon & d'honneste. C'est bien fait de les laisser entretenir & discourir entr'eux de toutes sortes de choses honnestes, afin de les dresser peu à peu à se porter ciuilement & honorablement à l'entretien des plus grandes compagnies, qu'il leur faudra frequenter quand ils seront deuenus plus grands ; car si de bonne heure on les éleue à la vertu & à la ciuilité, tout le reste de leur vie s'ensuiura de mesme ; puisque les enfans sont comme vn vais-

seau de terre tout neuf qui sentira
tousiours le goust de la liqueur qu'on
aura mise la premiere dedans iceluy;
ainsi retiendront-ils les bonnes ou
mauuaises impressions que vous
leur aurez baillées dés leur plus tendres années, comme dit Horace,
*Quo semel est imbuta recens seruabit
 odorem Testa diu.*
si de bonne heure vous les dressez
à l'honnesteté & ciuilité, ils seront hors du danger d'estre moc-
quez & sifflez es compagnies,
comme on en void beaucoup qui
sont sots & stupides comme des
paisans, quand il leur faut dire quelque chose dans vne honorable compagnie, & s'entretenir auec quelque
personne, qui remarque aussi-tost
leur bestise, qu'ils ouurent la bouche pour repondre à la moindre
demande qu'elle leur fait. Il faut

aussi assez souuent discourir auec eux, afin de voir de quelle façon ils s'entretiennent auec leurs compagnons, & de quelles paroles ils vsent; que si (comme cela se void à toute heure) ils manquent à leur parler, & font des fautes contre la politesse de la langue Françoise, il faut les reprendre & leur faire connoître leur faute, & tant qu'on peut ne les laisser iamais prendre vne mauuaise habitude, tant pour le parler, que pour la composition du corps, gestes, & semblables; & on doit les en corriger à la premiere occasion; *puis qu'il ne faut aucunement apprendre ce qu'on est par apres obligé d'oublier.*

Que si dés leurs premieres années, ou mesme dés leur naissance, ils auoient contracté quelque mauuaise coustume, comme aucuns font des grimaces, d'autres marchent mal, d'autres ne se tiennent pas droit en marchant, d'autres sont gauchers, & semblables ; forcez-vous, & forcez-les à leur faire peu à peu quitter cette mauuaise habitude ; seruez vous mesme de remedes tous contraires, & les contraignez à se porter au rebours.

Ceux qui prononcent mal, qui parlent du nez, qui sont begues, ou qui ont la langue vn peu grasse, doiuent estre fort exercez au contraire, & il faut les faire parler quelquefois bellement, quelquefois viste, tousiours assez haut & distinctemēt, aucunefois leur faire dire beaucoup de paroles de suite à haute voix, afin de rompre quelque obstacle s'il y en a ; on peut selon l'aduis des Medecins, vser de quelques petits remedes propres à ces imperfections.

Celſ. *At ſi lingua reſoluta eſt quod interdum per ſe interdum ex morbo aliquo fit, ſic vt ſermo hominis non explicetur, oportet gargarizare, &c. exercere retento ſpiritu, &c.*

Socrates nous enseigne qu'il y a des esprits qui ont besoin d'eperon, & d'autres à qui on doit mettre le mors en bouche, pour les gouuerner & les arreſter; C'eſt à dire, que ceux qui ſont plus lents & endormis doiuent eſtre éueillez & aiguillonnez par les choſes à quoy ils ont de l'affection; quelquefois il faut leur faire honte, ſi on iuge que la vergongne les puiſſe émouuoir : par exemple, s'ils ſe plaiſent aux fleurs, aux images, aux loüanges, &c. on leur promettra ce qu'ils ſouhaitent, afin de leur augmenter le courage : ceux qui ſont prompts & plus vifs, ne doiuent pas eſtre beaucoup pouſsez, ains souuent moderez & retenus; quelquefois, neanmoins il est bon de leur lâcher la bride & les eperonner, afin de remarquer iusqu'ou s'étendra leur force, leur courage, & leur esprit; ce qui se doit toutefois rarement pratiquer, de peur de leur faire tort, car toute chose violente est ennemie de nature, *Hyp.*

*Omne violentû non est durabile. Arist.*

Pour ceux qui sont brouillons, comme il y en a qui le sont plus aux sciences qu'aux autres choses; d'autres qui ne le sont point aux lettres, mais à d'autres choses; d'autres qui le sont & aux lettres, & à tout ce qu'ils font, il y faut agir selon que les suiets se presentent; & en toutes choses tant pour le corps que pour l'esprit, tant pour les mœurs, que pour les études, il faut experimenter diuerses sortes de conduites, & si on ne peut les reduire d'vne façon, il faut tenter le contraire. C'est la pensée de Plutarque, qu'il faut corriger certaines fautes diuersement, tantost par douceur, tantost par seuerité & chastimens, lesquels on peut exercer & sur le corps & sur l'esprit, c'est à dire mortifier leurs inclinations & affections, & mater leur desir & volonté au contraire de ce qu'ils souhaitent. Seneque est de mesme pensee que Plutarque, quand il asseure qu'on pourra corriger & amender les esprits meschans & adonnez aux vices par punition de corps & d'esprit : car sans doute il arriuera qu'aucuns ne voudront pas se corriger par la douceur, qui le feront par la seuerité; comme au contraire, il y en a qu'on gastera si on les meine à la rigueur, qui se corrigeroient par la doula douceur & seules remontrances. *Qui secundis aliquando frustra curatus est, contrariis sæpe restituitur.* Et sur tout s'il y a quelque partie du corps ou de l'esprit qui soit foible, ou qui manque, il faut tousiours en auoir grand soin, & la soulager tant qu'on pourra. *Succurrendumque semper parti maxime laboranti est.*

Cels.

Idem post Hipp.

Comme tous n'ont pas bonne memoire, aussi ne faut il pas trop la charger, & ne leur donner pas à tous tant de choses pour apprendre par cœur; ce qu'il faut aussi dire des autres facultez de l'esprit: mais pour ceux qui ont vne grande & heureuse memoire, il est à propos de la cultiuer par de grandes leçons, assez souuent par de petites declamations priuées, aucunefois publiques, selon que l'on iugera estre bon & vtile; lesquelles choses se doiuent pratiquer enuers tous les esprits, chacun selon ses forces & sa portee: car cela leur donne de l'asseurance & hardiesse à bien parler deuant les personnes honorables, & leur apprend à faire des gestes & fort à propos, mesme à se bien marcher, & à se bien porter le corps, outre que cela leur augmente le courage quand ils font bien; que s'ils faisoient mal, pourueu que ce ne soit pas de propos deliberé, ny par vne faute faite à plaisir, on doit les excuser pour leur releuer le courage, qu'ils auront peut-estre abatu, quãd ils se seront apperceu d'auoir manqué; & s'ils font bien, ils doiuent estre loüez, mesme des spectateurs s'il y en a; car la loüange leur éueille l'esprit, & les aiguillonne viuement à mieux faire encor vne autrefois, pourueu que de tout cela ils n'en tirent point vanité.

*Excitat auditor studium, laudataque virtus* Ouid.
*Crescit, & immensum gloria calcar habet.*

Sainct Ambroise nous apprend que les enfans sont tousiours prests à tomber, & qu'il faut sans cesse les releuer; ce qui fait qu'ils se portent souuent à de petites badineries: Il faut donc en particulier les reprendre, leur faire des remontrances solides & à propos, leur faire conceuoir que ce n'est pas à des enfans bien nez & de bonne famille de faire ces sotises, leur representer qu'ils sont hommes, qu'ils doiuent porter leurs pensées aux choses releuées; car il y a des enfans qui vous écouteront fort bien, & comprendront souuent ce que vous leur direz, pourueu que vous leur parliez à propos & à temps, ceux principalement qui ont du iugement & de bonnes inclinations. Si vn enfant commet quelque faute, son Maistre doit attendre le temps propre à le corriger, & ne pas faire comme les femmes & les filles, qui ne reprennent & ne frapent pour l'ordinaire vn enfant qu'à la chaude & en colere. S'il est vray ce que dit Aristote, que la colere offusque l'entendement, & fait perdre la raison; mesme comme dit Epicure, qu'elle fait deuenir l'homme fol; le Maistre d'Ecole ne doit rien faire enuers ses Ecoliers s'ils ont commis quelque faute, qui luy ait donné suiet de se fâcher, puis qu'il ne sçaura pas ce qu'il fera, s'il est en colere: & c'est pour cela que Plutarque m'apprend que nous ne deuons iamais punir ny corriger vn enfant quand luy, ou nous serons émeus; puisque dans sa chaleur la correction ne luy seruira de rien, n'ayant pas alors le iugemēt de considerer qu'il est chastié pour sa faute, & qu'il doit s'amender, de peur d'estre encor vne autrefois puny; ou de peur de mal faire, & de fâcher ses parens, ou son Maistre, s'il est de meilleur naturel, mais il faut attendre qu'il soit d'vn sens r'assis, afin que la correction luy puisse estre profitable. Veu aussi qu'vn hōme en colere n'est pas maistre de soy mesme, & que si l'enfant fait quelque resistance, le sang s'échauffera dauantage, il s'emportera, & le frapera sans doute plus qu'il ne doit, le blessera peut estre, ou au moins fera tort à sa santé. Les exemples en sont trop frequens pour les raporter. Et ne sert de rien de dire que si on chastie les enfans sur le champ, ils s'en souuiendront mieux pendant que la faute est fresche. Car iamais ils ne s'en ressouuiendront tant, & n'en feront pas si bien leur profit que lors qu'ils seront en leur bon sens; quoy que quelquefois, si on le iugeoit à propos & necessaire, on le pourroit faire à l'heure mesme.

C'est mal fait de fraper les enfans par la teste, car à la longue ils s'en ressentiront; ny à coups de pieds, ny de poing, ny de soufflets, car cela les peut offencer, & n'est pas seant à vn Maistre d'Ecole d'vser de ces chastimens-là, mais de moindres & plus moderez.

Quoy qu'aux vacances on donne beaucoup de relasche aux Ecoliers pour se rafraischir, il ne faut pas neanmoins les laisser trop de temps oisifs; car pendant cette oisiueté ils oublieroient beaucoup, & se relâcheroient, & quand il faudroit retourner à l'étude, ils auroient bien de la peine à se remettre.

*Adde quod ingenium longa rubigine*
    *læsum*                                    Ouid.
    *Torpet, & est multo, quam fuit ante,*
        *minus.*

Mais il est bon de les entretenir dans quelque exercice ; Il faut pourtant leur donner plus de relâche & plus de temps à se recreer, que durant leurs études generales. Ainsi suiuāt la pensee de Pline, la recreation & le relâche des études font, que nous y retournons auec plus de courage, & meilleure volonté.

Toutes leurs heures doiuent estre reglées, pour étudier, pour iouër, pour prendre leurs repas & repos, & pour prier Dieu, & ne doiuent estre interrompus que le moins qu'il se pourra. Pour la priere comme elle

O iiij

doit estre iournaliere & reglée, de mesme iamais elle ne doit estre interrompuë, & il faut porter les enfans à seruir Dieu, non par aucune consideration humaine, ny par contrainte, mais par affection & amour enuers Dieu, leur faisant connoitre qu'ils sont Chrestiens, & partant qu'ils doiuent seruir Dieu de tout leur cœur & de toute leur affection. Si on peut aussi les porter à l'étude & à l'honnesteté par la mesme consideration & amour, il sera meilleur que par contrainte, ny par force, ny par considerations humaines; veu que pourtant ce n'est pas mal fait de se seruir de ces choses ici, quãd l'affection & l'amour n'y peuuent rien.

Si leurs inclinations ne sont pas iustes, il ne faut pas les souffrir: selon qu'est leur humeur, on doit les gouuerner; s'ils sont tristes, melancholiques, & trop graues, il est bon de les réiouyr quelquefois par de petits discours recreatifs, par des esperances de faire quelque chose, à quoy ils se portent, pouruue qu'elles soient bonnes & decentes: S'ils sont trop volages & libertins, on doit plus leur serrer la bride, auoir plus de grauité enuers eux, & les matter aucunefois contre leurs appetits.

Plutarque qui a doctement écrit de l'éducation des enfans, a recommandé aux Maistres de faire quitter l'orgueil & la presomption à leurs Ecoliers, & de ne les accoustumer iamais à la vanité, mais de les dresser aux vertus, lesquelles ne peuuent compatir auec les vices.

Vn sçauant personnage de l'antiquité m'apprend qu'vn Maistre doit dresser les enfans à l'honneur, &

qu'il doit leur faire porter toute sorte de respect, non-seulement à leurs peres & meres, mais aussi à tous leurs autres parens, & aux gens de condition, & qu'il faut les rendre ciuils enuers tout le monde, les faire salüer ceux particulieremēt qu'il appartient: Ne les laissez iamais deuenir lâches, ny negligens à bien faire; accoustumez-les à la propreté & proprieté à toutes choses, à estre adroits à tout ce qu'ils feront, & à le faire de bonne grace.

On doit leur bailler à lire des Liures qui traitent de leur deuoir, de l'honnesteté & ciuilité: on peut aussi leur faire lire de veritables Histoires, à quoy ils prendront plus de plaisir qu'aux matieres releuees, ce qui leur seruira grandement, mesme en discours familiers on les peut entretenir de semblables choses qui leur sont fort vtiles, & seruiront desia pour leur apprendre l'Histoire, & leur aiderôt à mettre par ordre quelques discours qu'ils voudroient faire.

Quelques personnes sont d'auis de ne faire iamais parler Latin les Ecoliers qu'ils ne le sçachent presque tout à fait, parce que, disent ils, il y auroit danger que s'accoustumans aux fautes qu'ils font à tout bout de champ, ne sçachans pas bien encor la langue, on ne pourra par apres les des-accoustumer de cela, & que côme on n'enseigne pas le Grec ny l'Italien par des regles composées en ces langues, aussi ne le faut-il pas faire au Latin. Mais ie dis au contraire, qu'il est necessaire de les y accoustumer peu à peu, lors qu'ils commenceront à tourner du Latin en François, & du François en Latin, parce que les regles qui sont en Latin, sont expliquées en François, & que pourueu qu'on les repréne quand ils manqueront, ils ne s'accoustumeront pas à faire des fautes, ains s'en corrigeront; outre que les Maistres de Grec & d'Italien accoustument leurs Ecoliers à le parler, lors qu'ils commencent à l'entendre.

Toutefois ie iuge à propos de les faire parler Latin seulement durant le temps qu'ils seront à l'étude, parce que leur Maistre y est qui les doit reprendre quand ils manqueront, mais non pas lors qu'ils en seront hors, pour autant qu'ils auroient tousiours l'esprit contraint, ce qui feroit tort à la santé du corps & de l'esprit; & qu'on doit aussi plus les faire parler François que Latin, parce qu'on se sert tousiours de celui-là, & rarem̄et de celui ci; veu que s'ils agissoient sans cesse en Latin, on ne pourroit pas leur apprendre la politesse de leur langue maternelle, ny leur oster les fautes qu'ils commettent contre icelle à tout bout de champ. Ceux-là donc font mal qui les contraignent sans cesse au langage Latin, d'autant qu'ils auront peut-estre acheué leurs études, qu'ils ne parleront pas bien François, ce qui est indecent à vn ieune homme qui commence à frequenter les grandes compagnies: ce n'est pas bien fait aussi de ne les faire iamais parler Latin, quand ils en sçauent quelque chose, parce que peu à peu la langue se facilite & s'apprend en la parlant; que s'ils manquent, on doit leur faire reconnoitre leur faute, & la corriger sur le champ.

A mesure que l'âge croist, on doit dauantage leur ouurir le iugement, les faire raisonner, les porter à des choses plus releuées, & leur faire comprendre peu à peu les difficultez, les déueloper plus aux vns qu'aux autres, selon qu'ils ont plus ou moins de iugement & de raison : & quoy que vous voyez que d'aucuns n'apprennent pas tout d'vn coup, & n'entendent pas les difficultez, ne vous lassez pas de leur en reïterer plusieurs fois l'explication ; puisque Seneque nous a enseigné, que certains esprits retiennent tout du premier coup ce qu'on leur enseigne, & que d'autres ne le retiendront qu'apres plusieurs repetitions.

Il ne faut iamais les animer les vns contre les autres, ny leur donner trop de ialousie, principalement aux freres & plus proches, d'autant que cela fait naitre de la dissention & du discord parmi eux, qui souuent dure long temps, & quelquefois est irreconciliable, d'où on voit arriuer de grands accidens & malheurs : Il est neanmoins licite de leur donner de l'emulation pour les études, & quelquefois d'attribuer plus de loüange à l'vn qu'à l'autre, & de blâmer celuilà; mais ne reprochez iamais aucune imperfection ny vice à vn enfant, s'il en a, deuant ses compagnons. *Omnis castigatio & animaduersio contumelia vacare debet*, dit Ciceron, parce que cela feroit qu'ils le mépriseroiét, & luy diroient des iniures. Entre les freres on doit faire tout égal, n'en bailler pas plus à l'vn qu'à l'autre, principalement ce que leur donnent leurs parens, d'autant que c'est donner de la ialousie à celui qui en a le moins, qui se tourne souuent en haine; mais on en peut plus loüer vn que l'autre s'il étudie mieux, ou qu'il se porte plus au bien, afin de faire prendre enuie à son frere de l'imiter ; que si vous voyez que cela nuise au lieu de servir, abstenez-vous-en tout à fait, mais plutost relevez celui qui sera tombé, & rehaussez celui qui sera bas, par de bonnes esperances & loüanges de ses études.

Au reste, quelques instructions & preceptes que vous leur bailliez du commencement, faites-les prononcer distinctement auec le ton & la mesure que demandent les mots tant François que Latins, car encor qu'ils ne soient pas capables de iuger si la sillabe doit estre faite longue ou bréve, neanmoins comme vous les reprendrez aux fautes qu'ils commettront, peu à peu ils se formeront à la prononciation; car i'ay appris de l'Orateur Grec, que le principal de l'eloquence est la prononciation.

Ie sçay des enfans qui proferent aussi distinctement, & auec autant de poids & de mesure ce qu'ils lisent

tant

tant en Latin qu'en François, que
s'ils estoient fort doctes, ils ont ay-
sement appris cette prononciation
pour y avoir esté soigneusement
dressez dés les premiers caracteres
qu'on leur a montrez, d'autres aussi
qui ont esté negligez du commencement, quoy que deuenus plus grãds,
prononcent aussi mal tous leurs
mots & sillabes, que des villageois
& païsans tout à fait ignorans.

*Præcipuam iam inde à teneris impende*
   *laborem.*

Si du commencement
Tu n'instruis bien l'enfant
Quelque chose apres que tu oste
Tu n'osteras iamais ta faute.

## DES QVALITEZ ET conditions necessaires à vn Maitre d'enfans ou Precepteur.

## DISCOVRS VIII.

IE ne puis que ie ne m'étonne à chaque momēt de l'humeur, ou plutost fantaisie de certaines personnes qui voulans faire instruire leurs enfans, les mettent és mains d'vn homme étranger de nation, soit qu'ils les retiennent à la maison, ou qu'ils les en éloignent: n'ont ils iamais consideré que leurs fils sont François, qu'ils doiuent parler François, qui est leur langue maternelle, laquelle il leur faut apprendre en apprenant la Latine, ou vne autre, puis qu'ils ne la sçauent pas encor, & comment l'apprendront-ils parfaitement, si ce n'est d'vne personne qui la sçache & la parle en perfection. Or il ne faut pas chercher vn estranger pour bien parler François, & pour mieux sçauoir ses regles & son eloquence; car tous les peuples confessent vnanimement que de toutes les langues du monde il n'y en a point de plus difficile à sçauoir, ny de plus malaisée à prononcer aux estrangers que la nostre, soit pour la quantité de mots tous differends, & de regles qui changent fort souuent, & ne sont point stables, soit à cause de la politesse & mignardise, auec laquelle les François s'estudient de parler, & la difficile connexion & assemblage des mots, frases & cadence des periodes: & vn François s'accoustumera mieux à parler & prononcer tout autre langage étranger, qu'vn étranger de quelque nation qu'il soit ne le fera & se polira à la langue Françoise.

Dans la France mesme composée de diuerses Prouinces, quoy que communement on vse du langage François, il y a neanmoins si peu de nations Françoises qui le parlent vn peu nettement, qu'apres Paris, Orleans, & quelques autres villes circonuoisines, vn vray François ne sçauroit presque entendre la langue des autres. Ie n'entens pas ici parler des païsans, ny du commun peuple; car il est tout asseuré que pas vn ne parle aucunement bien, non pas mesme dans Paris, ny les Parisiens de naissance. Qui plus est dans certaines regions comme la Guyenne, la Prouence, le Dauphiné, la Normandie,

& autres, les originaires d'icelles ont d'ordinaire vne si grande indisposition à la politesse de nostre langue, que quand vous les osteriez de leur païs dés leur bas âge, & que vous les feriez éleuer par de tres-habilles François, ils ne pourront iamais leur arracher le mauuais accent qu'ils auront pris à leur naissance, & en succant le laict à la mammelle. *Tant il est vray que les premieres impressions & caracteres qu'on baille & au corps & à l'esprit, sont les plus fermes, & les mieux enracinées.* A cause dequoy ie tiens pour certain qu'vn homme ne sçauroit parler en perfection vne langue étrangere quelle qu'elle soit. Et à mon auis il n'y a aucun peuple qui parle à present fort bien le Latin, quoy qu'il semble que cette langue-là soit propre indifferemment à toutes les nations; puis qu'il n'y a plus personne qui l'aprenne en naissant: car nous ne deuons pas nous persuader que nous autres François la parlions plus parfaitement que les Allemans, Anglois, Hybernois, &c; parce que nous rencontrons souuent des mots que nous ne prononçons pas parfaitement, & auec grande facilité; comme il nous semble que les étrangers manquent à la prononciation, quand ils vsent auec nous en Latin. Les Italiens mesmes qui sont directement descendus des Latins, y font beaucoup de fautes, & ont autant de peine que nous, à proferer quelques mots Latins.

Si donc les étrangers ne peuuent sçauoir ny parler nostre langue en perfection, comment l'apprendront-ils à leurs Ecoliers; & comme il y a vne infinité de frases & de dictions nouuelles & cachées que les étrágers ignorent & ne peuuent apprendre, ils ne pourront s'en seruir pour former là deſſus leurs inſtructions Latines, ny les appliquer vtilement enſemble.

Ioint qu'vn enfant qui apprendra d'vn étranger le Latin, ne retiendra pas ſeulement ſon accent en parlant Latin, mais encor en ſon parler François, puis qu'il les apprendra auſſi bien l'vn que l'autre. Ce qui n'arriue pas ſeulement aux étrangers de nation, mais auſſi à ceux qui ſont d'vn païs, dont l'accent eſt mauuais, ou plus court, ou plus long, & qui ont certaines particules & dictions qui ne ſont point en vſage parmy ceux qui parlent bien François.

C'eſt pourquoy c'eſt mal fait de mettre vn enfant entre les mains d'vn étranger de nation & de prononciation pour eſtre inſtruit, car il luy gastera son parler, tant pour le Latin que pour sa langue maternelle.

Tous ceux qui ont apprins jeunes des étrangers, en ont toute leur vie esté incommodez; & entre les enfans que i'ay veu instruits de cette façon, il me suffira d'en raporter vn, qui pour auoir esté seulement quatre ou cinq mois és mains d'vn Alemant, auoit pris vne si mauuaise habitude pour son parler, que quelque effort que i'aye fait, & quelque industrie dont ie me sois serui, il m'a esté impossible de la luy faire quitter, & à tous momens il proferoit des, b, pour des, p, des f pour des v, & au contraire. Outre que ces gens-là qui ne sçauent pas la methode Françoise ne pouuans leur faire comprendre les difficultez des deux langues, ils les instruisent si mal, qu'ils les rendent inhabiles puis apres à bien apprendre, & parler l'vne & l'autre langue.

C'est donc la premiere condition d'vn Maistre pour des Ecoliers François, qu'il soit non-seulement François de nation, mais qu'il parle bon François; suiuant quoy entre les nations Françoises celles qui communément parlent mieux François portent d'ordinaire les plus propres Maistres d'Ecoles.

La seconde condition qu'il doiue auoir, & qui est aussi necessaire que la premiere, c'est l'vsage & l'experience, car puisque tous les Philosophes sont d'accord que l'experience est la Maistresse en toutes choses, mais entr'autres Tassus qui dit qu'elle est le plus sage conseiller du monde, & Columelle, que l'vsage & l'experience sont les maistresses és Arts, & qu'il n'y en a point où on n'apprenne quelque chose en l'exerçant, en ceci principalement ils doiuent tenir le premier lieu, & si les plus vieux Medecins sont les plus recherchez, à cause de la longue pratique qu'ils ont fait de leur science, les Maistres d'École sans doute qui ont pratiqué plus d'exercice doiuent estre dauantage considerez : ceux-là ont guery beaucoup de maladies & de defauts du corps, ceux ci ont remedié à beaucoup d'imperfections & manquemens de l'esprit, & s'ils y ont bien reüssi, ç'a esté autant par experience que par sçauoir. *Verumque est ad ipsam curandi rationem nihil prius conferre quam experientiam.* Car comme il arriue souuent qu'il y a des defauts & manquemens cachez qu'on a bien de la peine à découurir, comment y donnera-on ordre si la pratique de semblables n'en donne la connois-

Cels.

sance, *Eum vero recte curaturum, quæ prima origo causa non fefellerit. Eum mederi posse arbitrantur qui prius illa ipsa qualiter eueniant perceperit. Neque enim cum dolor intus incidit, scire quid doleat, eum qui qua parte quodque viscus, intestinum vesit, non cognouerit, &c.* Idem,

Et qu'on ne die point, qu'il ne faut pas grande experience en cecy, & qu'vn Maistre d'Ecole n'a point besoin d'auis pour deliberer commēt il doit agir, & qu'vne beste feroit presque bien cette charge là, *Neque enim se dicere consilio medicum non egere & irrationale animal hanc artem præstare posse,* puisque de tous les Arts il n'y en a point où il arriue plus d'accidens & empeschemens, qui sont presque tous cachez au dedans de l'esprit, & iamais ne paroissent au dehors. Idem,

C'est ce qui a fait dire au docte Plutarque qu'vn bon Maistre d'Ecole doit sur tout s'étudier de connoitre l'esprit & le naturel de ses Ecoliers. Et quoy qu'vn homme ait beaucoup de pratique, neanmoins comme les esprits sont bien differens, il en aura peut-estre gouuerné cent, voire deux cens, qui n'auront pas esté subiets à quelque defaut, à quoy vn qui se rencontrera, sera enclin, *sæpe vero etiam noua incidere genera morborum, in quibus nihil adhuc vsus ostenderit.* Plusieurs de ces Maistres d'Ecole ont beaucoup de paroles, mais peu d'effect, ils promettent merueilles, & ne font rien; Or il ne faut pas se laisser amuser ny abuser à ces gens-là qui se sont exercez sur certains discours & entretiens qu'ils ont étudiez & polis pour faire croire qu'ils sont habilles hommes, car

*Cels.*

d'ordinaire ceux qui font le plus de bruit, ne font rien de bon.

*Quid dignum tanto feret hic promissor hiatu,*     Hor.
*Parturient montes, nascetur ridiculus mus.*

Mais ici principalement il n'est pas besoin de beaucoup de discours & d'entretiens, car il y a des personnes qui ne sçauroient presque dire mot en compagnie, & qui n'ont point de paroles à faire montre de leur sçauoir, qui sont fort doctes & fort sçauans. *Quãto rectius hic qui nil molitur inepte.*    Idem.
veu que comme dit Celse, vn Medecin qui n'aura point de langue, & qui sera prudent & experimenté en son art sera plus habille qu'vn autre qui sans experience aura exercé sa langue à bien étaler sa doctrine: *quæ si quis elinguis, vsu discretus bene norit, hunc aliquanto maiorem medicum futurum,*

*quam si sine vsu linguam suam excoluerit.* Ainsi vn Maistre d'École qui ne parlera gueres fera mieux, pourueu qu'il sçache bien la pratique de son art, que celuy qui ne la sçaura pas si parfaitement, & qui sera grand parleur. Ce n'est pas pourtant qu'il ne luy soit necessaire de bien parler, quand il faut instruire ses Ecoliers; mais d'entretenir gaillardement & brauement les compagnies, & se bien faire valoir; cela ne sert de rien à nostre sujet.

Puis donc que la longue experience est vn des principaux poincts des conditions necessaires à vn Maistre; ie m'étonne grandement comme beaucoup de parens prennent de ieunes gens pour instruire leurs enfans, lesquels n'ont pas acheué leurs études, qui mesme sont encor és humanitez, & (à vray dire) qui ne sçauent rien; car vn Ecolier étudiant en Philosophie tout grand argumentateur & Rhetoricien qu'il soit, sçait moins instruire & gouuerner l'esprit d'vn enfant, qu'vn nouueau apprentif ne sçait son mestier, veu qu'il ne sçait pas encor se conduire luy-mesme; estant asseuré que le iugement tout à fait necessaire à la conduite tant de soy-mesme que d'autruy, n'est point en sa perfection qu'apres le cours de Philosophie, qui l'ouure grandemét, encor neanmoins en peu de personnes: c'est pourquoy il est bien dangereux pour les enfans d'auoir des Maistres qui fassent leur apprentissage sur leur esprit & sur leurs inclinations; car il arriue rarement qu'vn apprentif ne gaste l'ouurage qu'on luy met le premier entre les mains; à cause dequoy on luy baille touiours quelque méchante besongne sur-

quoy il fait son premier coup d'essay.
Et ne vous étonnez pas si auec l'experience ie desire encor vn grand iugement, car ie tiens pour certain qu'vn homme qui en sçaura moins, & qui aura bon iugement fera mieux, que s'il n'en auoit pas beaucoup & qu'il fust plus docte, parce qu'ils se rencontrent plusieurs suiets où il faut marier le iugement auec la science & l'experience; & c'est le iugement qui fait connoistre si la raison de faire vne chose s'accorde auec l'experience, *requirere etiam si ratio idem doceat quod experientia, an aliud.*

Gell.

C'est donc la troisiesme condition necessaire à vn Maistre d'Ecole que le iugement, car il doit principalemét s'en seruir pour remarquer les dispositions, affections, mouuemens & mœurs d'vn enfant.

Plot.

*Ætatis cuiusque notādi sunt tibi mores.*

& sui-

& suiuant ce qu'il iugera bon estre se gouuerner.

Du iugement procede la prudence qu'il doit auoir pour dresser & conduire sagement ses Ecoliers, tant pour l'esprit que pour le corps, & iamais il ne doit rien leur faire entreprendre, sans auoir prudemment cósideré si cela leur est vtile, & s'il les auácera plus que par vne autre voye; car la prudence & la sagesse sont les meilleurs principes qu'vn homme puisse auoir, lequel se mesle d'enseigner & d'écrire.

*Scribendi recte sapere est & principium & fons.* Hor.

Les bonnes mœurs & bon regime de vie est aussi vne condition requise à vn Maistre d'Ecole; car puisque de nostre nature nous sommes plus enclins au mal qu'au bien, & qu'en naissant nous contractons vne

Q

certaine inclination vicieuse qui ne se peut arracher pendant que nous sommes en ce monde: Vn enfant qui verra faire vne mauuaise chose, non-seulement à son Maistre, mais à d'autres personnes indifferentes, y prendra exemple, & s'y accoustumera plutost qu'aux bonnes remontrances qu'il luy fera ; veu qu'on remarque tous les iours que les enfans imitent ce qu'ils voyent és choses mesmes indifferentes, lesquelles d'ordinaire ils croyent estre mauuaises, & souuent les conuertissent en mal.

Xenocrates disoit qu'il falloit boucher les oreilles des enfans, de peur qu'ils n'entendissent de mauuais discours à cause qu'ils sont plus susceptibles de mal pour la corruption de la nature humaine, & la delicatesse de leur âge.

Et quand de tels Precepteurs adonnez aux vices, s'abstiendroient de faire aucune action deuant leurs Ecoliers qui ne fust bonne, (ce qu'ils ne sçauroient obseruer, s'ils ne sont de bonnes mœurs & de tres-bonne vie) comment enseigneront-ils la vertu & la pieté qu'ils ne pratiquent point, & qu'ils n'ont peut-estre iamais aymée: ce qui neanmoins est fort preiudiciable pour toute la vie, car nous voyons quantité de personnes de condition & autres se perdre dans les vices & débauches pour s'y estre accoustumez de long temps; ce qu'ils n'auroient pas fait, si on les eust dressez à la vertu & à l'honnesteté dés leur enfance, & qu'on leur eust osté toutes sortes de suiets & d'occasions de mal; à quoy entr'autres choses on doit le plus mettre ordre, car il n'importe pas tant qu'ils soient doctes que vertueux, puisque la doctrine se passe auec la vie, mais la vertu passe au delà. Et d'icy on doit inferer qu'il faut que les Maistres auertissent les parens des inclinations que leurs enfans ont au bié ou au mal, afin qu'eux mesmes ils y mettent, ou fassent mettre ordre; & qu'ils ne doiuent point estre flateurs, ny s'accommoder à l'amour déreglé de certaines folles meres, qui cherissent plus quelqu'vns de leurs enfans, que les autres, & qui se fâchent quand on leur rapporte que ceux qu'elles aiment ne font pas bien, & veulent qu'on leur en die tousiours des loüanges, quand il n'y auroit que du blâme; puis qu'en conscience les Maistres sont tenus en ce cas ici de ne dire autre chose que la pure verité; car ils seroient eux mesmes partisans & fauteurs des méchancetez que leurs Ecoliers commettroient, & leur bailleroient suiet d'en faire de plus grandes; au lieu que s'ils les en reprenoient & chaſtioient, ils s'amenderoient & deuiendroient hôneſtes & vertueux.

Dans les bonnes mœurs on doit comprendre outre la pieté & la vertu, l'honneſteté & ciuilité, qu'ils doiuent auſſi enſeigner, puiſque nous ne deuons auoir rien de plus cher que l'hôneur, il faut tâcher de l'acquerir parmi le monde, ce qui ne ſe peut ſans la ciuilité & l'honneſteté.

Autant qu'il doit eſtre bien morigené, autant doit il eſtre exempt de toutes ſortes de vices & de taches, car le vice ſe contracte plus aiſément que la vertu, & s'apprend ſans apprentiſſage à la moindre veuë & figure que l'on en a: C'eſt pourquoy il doit auoir vne grande circonſpection, non-ſeulement en ſes mœurs & en ſes actions, mais auſſi en ſes

Q iij

paroles, ne dire iamais chose qui ne soit honneste & bonne, sur tout deuant les enfans.

(Iuuen.) *Maxima debetur puero reuerentia.* Aussi Aristote nous commande de donner ordre que personne ne die rien de sale ny des-honneste en leur presence, parce qu'ils retiendront plutost de mauuaises paroles que de bonnes. Son corps doit estre sans defaut & imperfection s'il se peut, (quoy que souuent vn bon esprit loge dans vn corps defectueux & imparfait;) car cela donne occasion aux enfans de le moins respecter, mesme de s'en mocquer en derriere; ce que font aucunefois certains esprits de fort mauuais naturel & fort mal instruits.

Il ne doit pas estre trop ieune, parce qu'outre ce que nous auons dit ci-dessus, ils le craindront & le respecteront moins.

Selon qu'est l'humeur & la complexion des enfans, il est bon d'en choisir vn, dont les complexions soient differentes; car s'ils sont melancholiques, tristes & trop graues, on doit leur bailler vn Maistre qui ne le soit pas tant, auec lequel ils puissent plus librement agir & prendre quelque honneste liberté; s'ils sont trop libertins & broüillons, il faut que leur Maistre soit plus graue & plus seuere, afin qu'il puisse temperer leur trop grande promptitude par sa grauité.

Mais principalement vn Maistre d'Ecole ne doit pas estre colerique; car suiuant ce que dit Plutarque, ces humeurs-là se fâchent pour la moindre chose, s'emportent souuent, & ne peuuent reprimer leurs mouuemens, quand leurs Ecoliers font quelque chose qui les fâche, d'où il

Q iiij

peut arriuer, qu'en la chaleur il les chastieront trop rigoureusement, & par malheur les blesseront, ou fraperont par la teste, ou à coups de pied, ou de poing, ce qui, comme nous auons dit ci-dessus, ne profite point, & n'est pas seant à vn Maistre d'Ecole, qui ne doit se seruir d'vn rude chastiment, que quand il y a grande necessité de le faire. Socrates nous a laissé cette leçon mieux grauée que sur le bronze, quand il pardonna à vn de ses Esclaues, & ne voulut pas le punir, à cause qu'il s'estoit mis en colere.

Le trop de melancholie aussi n'est point necessaire, car outre que souuent elle se tourne en réuerie, fantaisies, & quelquefois en folie, elle rend d'ordinaire l'homme si chagrin, que tout luy déplaist : quand ses Ecoliers feroient fort bien, il ne s'en contence jamais, & souuent où il leur faut des loüanges pour les exciter, il leur donne du blâme qui leur abbat le courage ; quelquefois il leur fera souffrir des chastimens, quand il leur faudroit des recompenses, pour leur augmenter le cœur, & la bonne volonté pour les lettres.

Or il y a vn grand abus à remarquer au choix que la pluspart des parens font d'vn Precepteur, car plusieurs ont vne maxime de prendre vne personne ou Laïque, ou Ecclesiastique ; d'autres demandent vn grand Grec ; plusieurs vn bon Mathematicien ; beaucoup vn excellent Philosophe ; quelques-vns veulent vne personne qui sçache en perfection ou l'Hebreu, ou l'Italien, ou l'Espagnol, ou vne autre langue étrangere, & ne s'enquestent non plus qu'il soit bon Latin, que si leurs enfans ne deuoient iamais apprendre autre langue que celle qu'ils affectent ; & s'ils treuuoient vn homme à leur gré, ils luy bailleroient ce qu'il demanderoit : En quoy certes ils se trompent ; car premierement il faut apprendre le Latin aux enfans (comme nous auons dit) puis apres à la volonté des parens on leur enseignera le reste ; il est donc necessaire d'auoir vn Maistre bon Latin, afin qu'il le leur enseigne, ce qu'il ne fera pas si bien, estant plus habille ou Grec, ou Philosophe, que seulement parfait Latin ; car nous auons toujours plus d'inclination pour ce que nous sçauons & connoissons le mieux, nous nous y plaisons dauantage, nous tâchons mesme d'y porter les autres; ce que fait principalement vn Precepteur, qui n'exercera la plufpart du temps ses Ecoliers, que sur ce qu'il possede dauantage ; & cependant ne leur enseignera que fort peu de Latin, qui leur est plus necessaire que tout le reste. Ce choix affecté des hommes procede d'ordinaire de l'inclination qu'ils ont à la mesme chose, soit qu'ils la possedent parfaitement, soit qu'autrefois ils s'y soient pleus, soit qu'ils en ayent oüy faire des loüanges à d'autres personnes, dont ils font de l'estime; ce qui leur fait croire que telle chose est necessaire.

Socrates nous aduertit de ne nous raporter iamais à d'auttes personnes de ce que nous auons besoin, si nous le pouuōs faire nous-mesmes, & que l'opinion contente seulement l'esprit des fols, c'est pourquoy ils ne doiuent pas y agir de cette façon, puis qu'ils remarquent y estre poussez, non pas pour la necessité & vtilité de la chose, mais pour quelque autre vaine consideration : Et ils doiuent soigneusement prendre garde, s'ils ont, ou ont eu autrefois quelque defaut, ou mauuaise inclination ; si mesme aucuns parens de leurs enfans en ont, afin de les en détourner, & de les empescher de s'y porter ; recommander à leurs conducteurs d'y prendre garde, & d'y mettre bon ordre.

Ie ne dis pas pourtant que le Grec ou les Mathematiques soient inutiles à vn Maistre d'Ecole, au contraire, ie tiens que cela leur est fort vtile & profitable, pourueu neanmoins qu'il soit encor meilleur Latin & Orateur.

Il y a encor vne autre faute que la pluspart commettent, de prendre plutost vn Precepteur de la main d'vn amy, que d'vn autre, sans s'enquerir & sans iuger, s'il leur est propre, & s'il a les qualitez & conditions requises à sa profession. Ie sçay bien que le deuoir d'amitié est d'en preferer vn à l'autre, (pourueu que toutes choses soient semblables, ou au moins qu'il n'y ait pas beaucoup de difference,) mais ils doiuent considerer que de l'election d'vn Precepteur depend ou la bonne ou la mauuaise conduite de leurs enfans; car si pour fauoriser vn amy vous prenez vne personne incapable & inhabille, ou qui ait quelques defauts, ou qui ne soit pas bien morigenée ny ciuilisée, vos enfans s'en sentiront toute leur vie; puisque des premieres instructions dependent presque toutes les perfections ou imperfections du reste de la vie: Or estes-vous tenus de preferer l'auancement de vos enfans aux considerations d'vn amy, que vous pourrez cependant contenter de bonnes paroles & raisons tres-importantes.

L'Histoire est necessaire à la profession d'vn Precepteur, car à tout bout de champ, il en peut enseigner quelque chose à ses Ecoliers, soit dans leurs themes & autres études, soit en se promenant auec eux, soit à la recreation & autres temps, ce qui diuertira les enfans, qui se plaisent à oüir des Histoires, & qui leur profitera, puisque c'est l'ornement d'vn habille homme de sçauoir l'Histoire, principalement la Françoise, la Romaine, la Grecque, l'Ottomane, lesquelles sont preferables à toutes les autres.

Entre toutes les perfections d'vn Maistre d'Ecole, l'esprit, l'adresse & l'industrie sont fort necessaires, d'au-

tant qu'ils se rencontrent souuent
des matieres où il en a grandement
besoin ; car tantost il faut releuer les
esprits abbatus ; tantost abbaisser
leur presomption, retarder leur
promptitude & viuacité, éueiller les
endormis, exciter les lents, réjouïr
les tristes, & ainsi du reste ; ce que
peut faire l'industrie & l'adresse d'vn
homme par de petites gentillesses,
de belles promesses, ou des menaces, des loüanges, ou blâmes, selon
qu'il iugera estre à propos : & quoy
que ces choses-là ne soient pas le
principal fondement des études,
neanmoins elles y seruent grandement, quand l'esprit d'vn Maistre les
applique opportunément, *quāquam
igitur multa sint ad ipsas artes propriè
non pertinentia, tamen eas adiuuat ex-
citando artificis ingenium.*

Cels.

Enfin, puisque Socrates compare

les ieunes enfans aux ieunes cheuaux, aufquels vn bon efcuyer peut apprēdre le manege en les dreffant; vn Maiftre doit auoir toutes fortes de bonnes qualitez pour les faire prendre à fes Ecoliers, & pour les gouuerner fagement; ce qu'il pourra faire, eftant orné des conditions & fciences neceffaires à fon art, fur tout d'vne grande conduite & difcretion, lefquelles il n'aura iamais s'il ne fçait bien fe conduire foy-mefme. Or Diogenes nous apprend qu'vn homme peut bien fe conduire, qui eft maiftre de fes paffions, & qui fe corrige de fes defauts, auant que de reprendre ny corriger ceux des autres.

## DV DEVOIR D'VN
Maistre enuers ses Ecoliers.

## DISCOVRS IX.

E plus fameux peintre de l'antiquité n'eut pas vn iour tant mauuaise grace de fraper vn Sauetier qui vouloit reprendre quelque chose dans sa peinture, luy remontrant que c'estoit seulement son mestier de pouuoir iuger si vn soulier estoit bien fait, & s'il y auoit des fautes. C'est vne leçon qu'il a fait à tous les hommes de ne se mesler que de leur vacation, & ne rien entreprendre sur celle des autres ; mais neanmoins nous voyons plus souuent que

tous les jours des personnes qui veulent s'entremettre non-seulement de reprendre l'ouurage d'autruy, mais mesme de le faire, quoy qu'ils n'ayent aucunes dispositions ny talens propres à cela.

Il seroit bien necessaire que l'authorité des Magistrats empeschast l'entreprise de telles gens, qui ne font pas seulement tort à eux-mesmes, mais encor à d'autres, ausquels ils dérobent les occasions de trauailler & de faire quelque bonne chose pour leur auancement & pour celuy des autres; S'ils ne se mettoient en peine que de ce qu'ils sçauent, ils profiteroient plus que d'entreprendre ce qu'ils ignorent. Horace nous a laissé la mesme leçon dans ses Poësies, quand il conseille à ceux qui écriuent & qui enseignent de n'entreprendre rien au dessus de leurs forces, & de

iuger bien long temps auparauant,
s'ils pourront honorablement venir
à bout de leur deſſein.

*Sumite materiam veſtris qui ſcribitis æquam
Viribus, & verſate diu quid ferre recuſent,
Quid valeant humeri?*

Ie ne m'eſtonne plus ſi le nom de
Precepteur & de Maiſtre d'Ecole a
eſté conuerty en celuy de pedan ;
nom qui ſemble odieux à toute la
terre, puis qu'il eſt veritable qu'il y a
quantité de gens qui ſe meſlent de ce
meſtier, qui ſont moins propres à l'e-
ducation des enfans, que les Saue-
tiers à iuger de la peinture. Car vne
partie d'iceux ſont fort ignorás, ſans
experience, ſans induſtrie ſans eſprit,
&c. qui ſçauent auſſi peu ſe gouuerner que leurs Ecoliers, ſuiets à tant
de vices & ſi infames, que les ſoldats
les plus débauchez ignorent beaucoup de leurs méchancetez: Et d'or-

dinaire ils sont si arrogans & si superbes, qu'ils s'imaginent estre les plus doctes & les plus habilles du monde. Plusieurs ont exercé diuers mestiers auant leur Ecole, & sçauent aussi peu sagement éleuer & instruire leurs Ecoliers, qu'ils sont peu doctes. I'en sçay qui ont esté découpeurs de passemens, ( & peut-estre de bourses) solliciteurs de procez, vendeurs de theriaque, souffleurs d'orgues, porteurs de Rogatons, crieurs de Gazettes, de vieux passemens, qui ont logé en chambre garnie toutes sortes de personnes, qui auec tous leurs mestiers n'ont amassé que de la pauureté & de la folie, & apres tout se sont mis Maistres d'anerie, où ils se font respecter & prier par les parens des enfans qu'ils éleuent, comme s'ils estoient tout à fait necessaires à leur education, & se font plus renommer pour leur Ecole, que Denis le Tyran ne fut autrefois en vogue, quand il se mit à Regenter apres auoir esté honteusement chassé du throne de Sicile, qu'il auoit iniustement vsurpé.

Combien y a-il de sçauans hommes qui feroient merueille s'ils auoiét leurs suiets entre les mains, qui demeurent oisifs, parce que ceux-là vont au dessus de leur entreprise, & pour faire vn peu meilleur marché, ou treuuer quelque bonne connoissance, qui les épaule, l'emportent: mais à la fin du temps on reconnoist leur ignorance, malices, & sotises; & on leur donne par apres autant de maledictions, qu'on leur auoit fait de sumissions & de prieres; ils feroient bien mieux & plus vtilement pour leur honneur & leur profit, & pour l'vtilité publique, de se mesler seulement du mestier qu'ils sçauent mieux, car i'en connoy beaucoup qui ne sçauroient dire deux mots de Latin tout de suite sans faire des fautes.

Dés le temps du sçauant Plutarque les parens manquoient desia beaucoup à l'education de leurs enfans; car dans ses écrits il blâme la pluspart des hommes de son siecle, qui commettoient à l'instruction de leurs enfans des personnes dont ils ne pouuoient rien faire, mettant ceux qui auoient vn peu d'esprit & d'adresse à manier & gouuerner leurs affaires particulieres, rentes, reuenus de leurs maisons de ville & des champs, & ceux qui estoient lourdauts & ignorans, apres leurs enfans; comme si leur education eust esté bien plus aisée, que leurs autres affaires, qu'elle n'eust pas demandé tant d'esprit ny d'adresse, & qu'elle n'eust esté d'aucune consequence.

DE LA IEVNESSE. 263

C'est donc le premier poinct du deuoir d'vn Maistre d'Ecole ou Precepteur, de n'entreprendre aucune chose au dessus de ses forces & de son pouuoir. On en treuue d'autres assez doctes pour le Latin, ou pour le Grec, ou pour l'Italien, &c. qui ne pouuans rien attraper pour enseigner ce qu'ils sçauent, sont contraints de prendre vn autre employ, & d'enseigner ce qu'ils ignorent ou sçauent moins. Ceux-ci feroient aussi mieux d'attendre encor, & ne pas s'embarrasser de montrer ce qu'ils ne peuuent, car enfin ils sont honteusement chassez, quand on s'est apperceu de leur tróperie. *Qu'vn homme donc se mesle de sa vacation, & laisse aux autres ouuriers à exercer leur mestier.*

Le second poinct du deuoir d'vn Maistre est d'enseigner à ses Ecoliers tout ce qu'il croit estre necessaire à

R iiij

leur auancement; car le docte Plutarque nous apprend que les meilleurs & les plus habilles Maistres enseignent à leurs Ecoliers tout ce qu'ils sçauent, mesme iusqu'aux moindres choses, (il faut entendre quand ils en sont capables.) Ils se treuuent plusieurs personnes qui font refus de montrer à leurs Ecoliers quelque belle chose qu'ils sçauront, ou qui ne voudront pas les conduire par vn chemin qu'ils iugeront estre plus aisé & plus court qu'vn autre, ce qui est tres-mal; car encor qu'ils n'ayent pas le salaire de leur peine, qu'ils meritent, ils sont neanmoins obligez de les auancer le plus qu'ils peuuent, & de preferer l'instruction de leurs Ecoliers à toute autre affaire. Ils doiuent non-seulement leur enseigner tout ce qu'ils sçauent, mais vser de toutes sortes de moyens pour les instruire, n'épargner point leur peine & leur trauail ; ne se lasser point de leur mōtrer cinq ou six fois vne mesme chose qu'ils n'auront pas apprise tout du premier coup: Ils doiuent, selon le conseil de Plutarque & autres Philosophes, lire les meilleurs Autheurs qui ont traité de l'education & instruction des enfans, & auoir recours aux Liures sur certaines difficultez qui se rencontreront parmi leurs études, & n'auoir point honte de conferer auec d'habilles hommes sur ce suiet, & de leur demander leur auis sur quelques doutes qu'ils peuuent auoir touchant l'instruction & gouuernement de leurs Ecoliers, *car le iugement de plusieurs, ( mesme dés moins doctes ) est souuent preferable à celuy d'vn particulier, quand il seroit le plus sçauant du monde.*

Vn Maistre ne doit quitter ses Ecoliers que le moins qu'il pourra, puisque la presence du Pasteur conserue mieux ses oüailles que toute autre personne ; si neámoins ses affaires l'apellent autre part, qu'il commette ses Ecoliers à des personnes qui en ayent grand soin. Enfin, il doit faire la plus grande partie des choses que nous auons dites dans le Chapitre où nous auons traité du gouuernement des enfans.

Outre lesquelles i'adiouste, qu'il doit estre le plus souuent qu'il pourra present durant qu'ils étudieront, & ne pas faire comme certains, qui baillent la tâche à leurs Ecoliers, & se vont promener, ou iouër durant qu'ils étudient, & apres les viennent retrouuer, & voir ce qu'ils ont fait; car les enfans feront dauantage vne heure durant en la presence de leur Maistre, que durant quatre ou cinq heures en son absence.

Si apres auoir trauaillé quelque temps à leur instruction & fait son possible, il void qu'ils n'apprennent rien, & n'auancent aucunement, il est de son deuoir d'en auertir leurs parens, & s'en deporter de meilleure heure, afin d'en sortir auec honneur, que d'attendre plus tard, de peur d'en estre blâmé, s'il y a tant soit peu de sa faute.

Qu'il tâche tant qu'il pourra de connoitre leur esprit, leurs affectiós, & leurs inclinations, car en la connoissance d'icelles consiste la meilleure partie de leur education. Qu'il ne les accoustume point à faire quantité de grimaces, de singeries, ny de postures afetées & affectées, car ce sont toutes sotises & badineries inutiles, & souuent dommageables. Il doit disposer les parens de ses Ecoliers à treuuer bon qu'il les conduise par la voye qu'il estime la meilleure & la plus asseurée, & qu'il leur oste, & fasse quitter quelques coustumes, habitudes & autres choses superfluës, qu'ils auront accoustumé de pratiquer dés leur enfance.

Il doit estre extrémement prudent & sage pour la conduite de leur esprit, & auoir vne grande retenuë & circonspection à ne faire ny dire aucune chose deuant eux qui ne soit bonne & honneste; car les Ecoliers prennent exemple sur leur Maistre, & imiteront plutost le mal, s'il en fait, que le bien, à cause de la nature humaine qui est deprauée, & qui par consequent panche plutost au vice qu'à la vertu. Il doit faire des esprits, ce que le laboureur fait d'vne terre qu'il veut ensemencer, car auparauant que d'y ietter le grain, il la prepare par diuers labours à le receuoir, & arrache ce qu'il y pouuoit auoir de nuisible; de mesme vn Maistre d'Ecole doit disposer la volonté & les inclinations de ses Ecoliers à receuoir la science qu'il leur veut apprendre; & s'il y a quelque obstacle ou empeschement il doit s'efforcer de l'oster.

Il ne doit rien leur commander de faire à contre-temps, & qui ne soit bien à propos; si par exemple quelque honneste compagnie venoit les visiter & qu'ils en eussent esté auertis, il faut leur donner la permission de la voir, quand mesme ce seroit durant le temps d'étudier; car le refus qu'il en feroit, & la trop grande contrainte où il les tiendroit malgré eux, seroit cause qu'ils se depiteroient, & de là peut-estre prendroient auersion des études; outre que ce refus pourroit offenser les personnes qui demanderoient à voir l'enfant, s'il n'y avoit cause legitime. Aussi quand il est temps de joüer il ne doit pas les attacher à l'étude, si ce n'est aucunefois pour la punition de quelque faute qu'ils auront commise; ce qui neanmoins se doit rarement pratiquer. Il ne faut pas sans cesse blâmer & fraper les plus lents & paresseux, & qui ont moins d'esprit; pour autant que vous leur feriez tout à fait perdre courage; au contraire, il est bon quelquefois de les loüer pour leur remettre le cœur. Il ne faut pas aussi trop donner de loüanges aux plus diligens, & à ceux qui font le mieux, principalement à ceux qui de leur nature ont vn peu de vanité & d'orgueil; car vous leur enfleriez tant le cœur par les loüanges, qu'ils se persuade-

DE LA IEVNESSE. 271

roient d'estre fort doctes, se laisseroient emporter à la superbe & à la presomption, mépriseroient leurs compagnōs, & vous peut-estre, voire mesme les sciences, comme indignes de leur esprit; veu qu'ils croiroient estre plus sçauans & plus habilles que les autres Ecoliers, plus auancez qu'eux, que leurs Maistres mesmes, & partant qu'ils n'auroient plus que faire d'étudier. *Scientia inflat.*

Comme nous auons desia dit autre part, vn Precepteur ne doit pas se porter de la mesme façon enuers tous ses Ecoliers, mais selon qu'il connoist à peu prés leur esprit & leurs mouuemens, & leur bailler diuerses instructions si les corps & les esprits qui sont diuers le requierent absolument: & comme tous les accidens & empeschemens qui suruiennent, ne procedent pas touiours d'vne mesme cause; aussi n'y doit-il pas touiours apporter les mesmes remedes, mais selon que le mal le requiert. *Quod si morbos eadem causæ facerent vbique, remedia quoque vbique eadem esse debuissent.*

Cels.

Quelques fautes qu'ils commettent, leur Maistre ne doit iamais se laisser emporter à la colere, encor moins les chastier à l'heure mesme, s'il s'est fâché; car outre que la correction alors ne leur sera pas vtile, il pourroit trop les chastier, ou les fraper autrement qu'il ne doit. Il est tenu de leur enseigner la vertu & la pieté encor plus que les lettres; & pour cet effect il doit leur apprendre toutes sortes de bonnes choses; les exciter à aimer Dieu & leur prochain de tout leur cœur; les disposer tant qu'il pourra à ne se laisser iamais emporter aux vices, les exhorter

horter à faire toutes sortes de bonnes & pieuses actions ; leur faire pratiquer toutes les vertus, principalement l'humilité & charité envers les pauures ; les rendre bons & doux à leurs seruiteurs & suiets ; tâcher de leur faire embrasser la vertu pour l'amour d'elle mesme, & non de peur des chastimens, comme chante le Poëte,

*Oderunt peccare boni virtutis amore :*
*Oderunt peccare mali formidine pœnæ.*

Il doit leur faire porter toute sorte de respect & de reuerence à leurs parens, aux Ecclesiastiques, & aux personnes de condition ; & les dresser à l'honnesteté & ciuilité enuers tout le monde.

La pluspart des enfans parlent & répondent aux personnes fort indiscrettement & arrogamment ; il ne faut point du tout leur souffrir

S

ces imperfections ; car *les paroles d'une personne sont des signes d'ordinaire assez euidens de sa bonne ou mauuaise instruction, & de son naturel.*

Le sçauant & experimenté Plutarque traitant de l'education des enfans Grecs, dit, qu'vn Maistre doit estre non-seulement Grec de nation & de langue ; mais qu'il doit faire conuerser les Ecoliers auec des Grecs & de langue & d'origine ; parce qu'il seroit à craindre que s'ils agissoient familierement auec des étrangers, ils ne se corrompissent & pour le parler, & pour les mœurs ; la pluspart des nations estans aussi bien dissemblables de mœurs & de façons de faire, que de langue & de façons de parler ; ainsi faut-il dire des autres peuples, mais principalement des François, dót les coustumes & les mœurs sont presque autant differentes d'auec celles des nations étrangeres, que la langue.

Le mesme Autheur enioint aux Precepteurs de n'estre point superbes, presomptueux, ny flateurs, & d'empescher tant qu'il leur sera possible, que leurs Ecoliers ne le deuiennent aucunement ; car le moindre de ces vices porte grande consequence pour toute la vie des hommes. La curiosité d'aprendre des nouuelles, & de sçauoir tout ce que font & disent les autres personnes est entierement nuisible aux études ; car pendant que leur curiosité les porte à sçauoir les nouuelles, leur esprit ne s'occupera pas comme il doit aux sciences. Les Maistres ne doiuent iamais accoustumer leurs disciples à leur rapporter toutes sortes de nouuelles, ny tout ce qu'on dit, tant

S ij

d'eux mesmes que des autres; car outre que cela peut porter preiudice à ceux qui l'ont dit, & de qui on le dit, qui s'en peuuent fâcher quād ils le sçauent, ils rapporteront aussi bien à d'autres ce que vous dites; & souuent parmy tous ces discours ils mentent, & y adioustent du leur; ce qui les accoustume au mensonge, & cause du discord entre les plus familiers & les plus proches.

Ils doiuent enfin faire en leur endroit tout ce qu'ils iugeront necessaire pour leur auancement aux lettres & à la vertu, & leur arracher tout ce qu'ils verront estre nuisible & inutile, premierement par douceur & par remontrances; s'ils ne le peuuent faire par cette voye là, qu'ils y apportent de la seuerité & des chastimens, mais moderez & auec beaucoup de discretion & de prudence.

## DV DEVOIR DES ECOLIERS
*enuers leur Maistres, leurs Compagnons & les autres personnes.*

## DISCOVRS X.

Omme vn Maistre d'Escole doit beaucoup de choses à ses Ecoliers, aussi luy en doiuent ils encor dauantage ; car il ne seroit pas iuste & raisonnable que prenant bien de la peine pour les auancer, ils ne contribuassent rien de leur costé, & ne correspondissent point à ses trauaux. Si vne terre ne valoit rien, ou qu'elle ne portast aucun bon fruit, en vain le laboureur trauailleroit apres elle, s'il n'auoit esperance de recueillir, ou pour le moins de voir la moisson de la semence qu'il luy auroit iettée. C'est pourquoy les enfans doiuent apporter de leur part tout ce qu'ils pourront pour leur auancement.

Vne des principales choses & qui à mon auis est la plus necessaire, est vne parfaite obeissance à tout ce que leur Maistre leur commandera (i'entends, comme i'ay desia dit, qu'il ne leur commande rien mal à propos) & qu'il soit fort prudent, puisque pour bien apprendre ils doiuent suiure de poinct en poinct l'instruction de leur Maistre; qu'ils ne luy répondent iamais, Ie ne sçaurois faire ou apprendre cela; car ils doiuent croire qu'il ne leur baillera rien à faire ny à dire au delà de leurs forces; & ainsi ils doiuent se remettre entierement à sa discretion & conduite.

Outre l'obeiſſance, ils luy doiuent porter preſque autant de reſpect & d'affection qu'à leurs parens; car ils luy ſont obligez d'vne partie de leur vie; ne luy parler qu'auec honneur & reuerence, & croire ſes paroles comme des oracles. Ils ſont tenus de cherir non-ſeulement leurs Maiſtres & gouuerneurs, mais encor toutes autres perſonnes qui ont ſoin de leur nourriture, entretien, ou gouuernement; puiſque les beſtes meſmes leur font cette leçon, comme vn milion d'exemples le témoignent.

La bonne volonté & le courage ſont auſſi tout à fait neceſſaires, car ſi de leur propre mouuement & auec courage ils ne s'efforcent d'etudier, ils ne feront pas grande choſe, & toute la doctrine, experience, ny trauail de leur Maiſtre ne les auancera pas beaucoup, s'ils n'ont du cœur & de l'affection pour leur propre auancement ; & ils feront plus de progrez en deux mois trauaillans d'eux mesmes auec zele & courage qu'en six, voire en huict sans ces choses-là qui sont entierement necessaires.

Quand leur Maistre les enseigne, ou leçons, ou autres preceptes, ils doiuent écouter fort attentiuement, & tâcher tant qu'ils pourront de comprendre les difficultez & autres choses que leur Maistre leur montre & leur explique ; & ils ne doiuent iamais porter leurs pensées & leur esprit autre part qu'au lieu où ils sont durant l'étude, & aux instructions qu'il leur baille.

Puisque Plutarque nous asseure que trois choses concourent ensemble pour bien entendre ce que l'on dit, à sçauoir la patience, la perseuetance & l'attention, les Ecoliers doiuent les pratiquer aux temps qu'elles leur sont necessaires; suporter quelquefois vn peu de froid ou de chaud, de faim ou de soif, quand ils ne peuuent y remedier sans se distraire de leur attention, perseuerer iusqu'à la fin du discours, & ne se lasser point d'étudier, quand il en est l'heure, ou que le Maistre le commande: ne se depiter iamais contre les Liures & les difficultez, encor que souuent ils ne les puissent conceuoir dés la premiere & seconde fois; si leur Maistre les blâme ou chastie, ils doiuent souffrir patiemment telles corrections, les prendre en bonne part, auec intention, proposition, & ferme resolution de s'amender, & croire qu'ils ne seroient pas chastiez s'ils ne l'auoient merité, encor qu'aucunefois il leur semble qu'ils n'ont pas fait la faute qu'on leur impute, ou autremét que l'on ne dit : ils ne doiuent point faire de resistáce aux chastimens, mais se mettre en deuoir de les receuoir aussi-tost qu'on leur commande, ne dire iamais parole, ny faire aucuns gestes, mines, ny grimaces de colere ou de depit d'auoir esté punis, ains il faut se taire tout court, sans répondre aucun mot aux reprimandes de leur Maistre, & luy promettre de s'acquitter mieux à l'auenir de leur deuoir, & de ne retomber plus en faute. Ils doiuent se diligenter de faire ce qu'il leur baille ou à écrire, ou à apprendre par cœur, & ne se laisser point assoupir par la paresse & la feneantise, encor que souuent ils se sentent lâches & degoustez des études. Ils ne doiuent point se laisser emporter au jeu, quoy qu'ils perdent, & si on les appelle pour étudier au

milieu, ou au commencement de
leur partie, il faut tout quitter pour
se ranger à l'étude & à leur devoir.
Ils ne doiuent point passer les limi-
tes du temps que leur Maistre leur
a prescrit pour iouër, pour manger,
ou pour étudier, quãd on ne les auer-
tiroit pas de ce qu'ils ont à faire, (si
toutefois ils sçauent la regle & l'heure accoustumée.) Il faut qu'ils soient
humbles & souples aux remontrances & auertissemens, non seulemẽt
de leurs parens & de leurs Maistres,
mais encor de tous gens de condition & d'honneur, ausquels ils doiuent porter respect & reuerence,
comme à tous ceux qui seront plus
âgez & plus considerables qu'eux;
il ne faut iamais se mocquer de personne, non pas mesme de leurs compagnons, quand ils seront repris ou
chastiez pour quelques fautes; mais

ils doiuent considerer qu'ils peuuent tomber dans les mesmes fautes, & en estre aussi punis. Il ne faut pas qu'ils se persuadent d'estre plus capables ou plus habilles que les autres, quoy qu'ils se voyent au dessus d'eux dans l'Ecole, car leurs compagnons pourront auoir leur reuanche en bien étudiant.

Ils ne doiuent point estre flateurs ny enuers leurs Maistres, ny enuers autres personnes; & ne leur raporter iamais les actions d'autruy, si ce n'est qu'ils vissent faire quelque mauuaise chose à leurs compagnõs; ils sont alors obligez d'en auertir le Maistre, afin d'y donner ordre.

Ils doiuent abhorrer & fuïr le mensonge & les menteurs comme la peste, suiuant le conseil & l'auertissement du docte Plutarque; car au dire d'vn autre sçauant personnage, le mensonge est vne trahison & vn vice odieux à Dieu & aux hõmes, duquel à peine se peut-on défaire, quand vne fois il a pris racine pendant nostre ieunesse. Combien y a-il eu d'hommes perdus & ruinez par le mensonge, lequel ie croy estre plus dangereux que quelques autres plus grandes méchancetez; car la pluspart d'icelles ne font tort qu'à celuy qui les commet, mais le mensonge cause souuent & la perte du menteur & la ruine de beaucoup d'autres personnes.

Si par auanture leur Maistre est contraint de les quitter pour quelque temps, à cause de ses affaires, ils doiuent se comporter aussi honnestement & aussi sagement en son absence, qu'en sa presence: & penser que Dieu les voit & considere toutes leurs actions, & qu'il permettra, s'ils ne font bien, que leur Maistre en sera enfin auerty, qui les chastiera seuerement.

Si quelquefois ils sõt inuitez à iouër par d'autres Ecoliers qu'ils sçauront n'estre pas bien instruits & morigenez, ils ne doiuent pas le faire, quoy que leur Maistre ne soit pas present, mais ils doiuent fuir entierement leur cõuersation. Si quelqu'vn de leur compagnie se laissoit emporter à faire quelque chose, ou dire quelque parole qui ne fust pas honneste, ils doiuent l'en reprendre, & le menacer d'en auertir le Maistre : & s'il ne s'en corrigeoit, ou qu'il continuast sa malice, ils doiuent se retirer de sa compagnie, & s'en aller autre part : ce qu'ils doiuent aussi faire, si quelques personnes ou en passant, ou autrement disoient ou faisoient quelque chose des-honneste, de s'écarter, mesme se boucher les oreilles, & fermer les yeux, afin de n'oüir ny ne voir rien de mauuais.

Ils doiuent aimer & cherir tous leurs compagnons, comme s'ils estoient freres; ne se tutoyer iamais, car cela ressent les petits païsans & villageois, qui ne se parlent point d'ordinaire sans se tutoyer, & se dire assez souuent des iniures, mesme se fraper; n'auoir aucune noise ny discord auec personne; ne dire point de paroles qui puissent offenser ou piquer autruy, non pas mesme en riant, car souuent on se fâche aussi bien en riant & en raillant, que serieusement. Si vn de leurs condisciples ou autre les offense, ils ne doiuent pas luy rendre iniures pour iniures, ny coups pour coups, mais plutost il faut souffrir tout pour

Dieu: si neanmoins leurs compagnons continuoient de les offencer apres les auoir menacez d'en auertir le Maistre, il n'y a point de danger de luy en donner auis, afin qu'il y mette ordre; mais il ne faut pas sans cesse luy aller criailler aux oreilles, comme font quelques niais & stupides, qui se mettent à pleurer pour la moindre chose qu'on leur fait, ou dit, & s'en vont aussi-tost plaindre à leurs parens & à leurs Maistres. Ils doiuent enfin ne faire ny dire aucune chose en l'absence de leur Maistre, qu'ils ne veulent qu'il sçache, & qu'ils ne fissent librement deuant luy, car s'ils ne font point de mal, ils n'apprehenderont pas d'en estre repris, moins encor chastiez.

Autant que leur Maistre les excite à la vertu, à l'honnesteté, à la ciuilité,

ciuilité, & aux lettres, autant doiuent ils s'efforcer de correspondre à ses exhortations, & d'abhorrer autant les vices & les méchancetez, qu'il les blâme & les leur décrit horribles & épouuentables.

Si quelquefois leur Maistre s'oublioit de faire sa coustume pour leur instruction & leur gouuernement, ils ne doiuent s'en plaindre à personne, ny blâmer ce qu'il fait, car ils ne sont pas capables d'en iuger, & il n'est pas honneste ny seant à vn enfant bien nay & de bon naturel, de reprendre ny taxer aucune action ny parole en la personne de son Maistre ou gouuerneur.

Ils sont obligez de cherir & d'honorer non-seulement ceux qui les enseignent pour le present, mais qui les ont autrefois instruits, à l'exemple d'Alexandre le Grand, qui cherit &

T

honora tellement durant toute sa vie Aristote, qu'il dit souuent & deuant tous ses Courtisans, qu'il luy estoit plus obligé qu'à son pere; pour autant qu'il deuoit seulement à son pere la vie du corps, mais à son Precepteur la vie de l'ame, beaucoup plus excellente que l'autre, laquelle il auoit tirée d'Aristote en aprenant sa doctrine.

Les Ecoliers ne doiuent point s'accoustumer à parler beaucoup, ny à disputer & criailler sans cesse; car outre que cela peut nuire à leur santé, c'est à faire a des femmes, dont le sexe & la nature estans foibles, la pluspart ne se peut empescher de parler à toutes occasions, & ne veut iamais ceder la fin du discours, ny le droict à personne, ny confesser qu'elles n'ōt pas si bonne raison que l'aduerse partie, contre qui elles disputent: mais

DE LA IEVNESSE. 291
après auoir debatu quelque temps
vne question, ils doiuent mettre fin
à leur parler, & ceder à leur aduersai-
re, & s'il est plus âgé, plus sçauant, ou
plus experimenté qu'eux, croire plutost son opinion que la leur propre.

Ce que toutes sortes de personnes sont aussi tenuës de faire, de ceder à celuy qui agit contre elles, apres
auoir vn peu soustenu leur opinion,
de croire plutost son aduis, que de
s'amuser trop de temps à disputer &
arguméter, afin de prouuer ce qu'elles tiennent : ce que font d'ordinaire
certains esprits opiniastres & orgueil-
leux, qui veulent tousiours auoir le
dessus en toutes les compagnies où
ils frequentent. Les ieunes hommes
aussi qui ont vn peu d'esprit & d'é-
tude, qui ne font que de sortir des
Colleges, doiuent acquiescer au iugement d'autruy, & ne pas tousiours

T ij

pointiller & argumenter pour prouuer le contraire, car cela sent à pleine bouche l'Ecolier, à qui les ongles demangent d'argumenter & raisonner sophistiquement.

Quand vn Maistre mene promener ses Ecoliers, ou les fait conuerser auec d'autres, ils ne doiuent pas se comporter imperieusement ny arrogamment au dessus d'eux, ny ambitionner le premier lieu, encor qu'ils fussent ou plus riches, ou plus doctes, ou plus grands, ou de meilleure condition, ou qu'ils fussent à la maison d'autruy, encor moins en leur propre demeure; car l'ambition ne vaut rien de quelque costé qu'elle vienne, si ce n'est pour la vertu & l'honnesteté; mais l'honneur & la ciuilité leur commande de se montrer humbles & courtois enuers toutes sortes de personnes.

Quand ils iouënt auec leurs compagnons, ils doiuent estre guais, & de bonne conuersation, éuiter la melancholie & tristesse, estre tous ensemble de bon accord, ne disputer iamais pour aucune chose; n'estre pas de l'humeur de certains fantasques & bigearres, à qui tout déplaist, & qui se fâcheront pour la moindre chose qu'on fera ou dira, mais il faut prendre tout en bonne part, & s'accommoder à l'humeur des autres. Quand leur Maistre les aura repris ou auertis d'vne faute qu'ils auront commise deuant d'honnestes personnes, ou pour autres choses, ils sont tenus de prendre garde à eux, & de faire leur possible pour ne retomber iamais dans la mesme faute: sur tout qu'ils se donnent de garde de ne dire rien de mal à propos deuant vne honorable compagnie, ny de blâmer personne, car ils donneront à iuger qu'ils sont de mauuais naturel, ou mal instruits.

S'ils voyoient quelqu'vn faire mal, qu'ils n'y prennent pas exemple, & si par inaduertance ils auoient commis quelque faute, qu'ils tâchent de la reparer incontinent; s'ils se treuuoient en compagnie, où quelque personne se mit à dire ou faire quelque chose deshonneste, qu'ils s'en retirent tout doucement de peur de scandale, ou s'ils ne peuuent en sortir ciuilement, qu'ils appliquent leur esprit à autres choses pendant de telles actions ou discours; & qu'ils ne rapportent iamais la faute d'autruy à personne, si elle n'a le pouuoir d'y donner ordre.

Ils ne doiuent point lire d'autres Liures que ceux que leur Maistre leur baille, ou leur conseille de lire; mais sur tout ils doiuent fuïr la lecture des Romans & des autres Liures qui traitent de badineries & bouffonneries; car si tost qu'vn Ecolier & tout autre ieune homme y a pris goust, il n'en veut point sauourer d'autres: & les Ecoliers s'y amuseront plus volontiers qu'à lire ceux qui traitent de leur instruction & de leur deuoir, & qui sont necessaires à leur auancement, parce que la pluspart des Romans recreent & plaisent dauantage, qu'ils ne seruent & ne profitent, & que beaucoup d'iceux contiennent bien des méchancetez, des subtilitez, & des inuentions qui tirent à consequence.

S'ils sont inuitez en quelque compagnie à manger ou boire dauantage que leur coustume, ils doiuent s'en excuser & remercier ciuilement ceux qui les inuitent, les asseurer qu'ils ont suffisamment beu ou man-

gé: si on leur presentoit du vin à boire, le refuser honnestement, car ils
ne doiuent iamais s'accoustumer
d'en boire, & s'ils y estoient forcez
par la compagnie, ou que la debilité de leur estomac le requist, qu'il
soit tousiours bien trempé.

*Vinum dilutius pueris, se-nibus me-racius. Hipp.*

Quand ils prennent leur repas, si
on donne plus de pain, de viande,
ou de fruict, &c. aux vns qu'aux autres, que ceux qui en aurôt le moins
ne se fâchent point, & ne crient
point, pourueu qu'ils en ayent mo-
derément; car vne autrefois on leur
en donnera dauantage, & ils n'en
sçauroient presque auoir si peu, qu'il
ne soit suffisant d'entretenir & conseruer leur santé.

HISTOIRES FORT REMARQVAbles de quelques ieunes hommes de condition de noſtre temps, dont la vie a eſté mal-heureuſe, & la fin tragique, pour auoir eſté mal éleuez par leurs parens dans leur ieuneſſe.

## DISCOVRS XI.

Si ie voulois raporter ici tous les accidens & malheurs qui arriuent à tous momens aux hommes, faute d'auoir eſté bien inſtruits & gouuernez durant leur bas âge, il me faudroit faire autant de Liures qu'il y a de iours au mois, & autant de volumes qu'il y a de mois en chaque année: tous ceux qui liront les Hiſtoires que ie décris icy, en sçauent vn si grand nombre de semblables, que ie n'auray que faire d'aporter ny raisons, ny authoritez, ny témoins, pour faire adiouster foy à mes Discours. Aussi les personnes à qui elles sont arriuées sont assez connus dans Paris, & le temps est si recent, que sans nômer ny les noms, ny les familles, il me suffira de dire que le pere du premier tenoit vn des premiers rangs dans le Parlement, & celuy des seconds dans les Finances.

*Meres folles, vous estoufferez vos enfans pour les trop embrasser comme fait le singe.*

CElui-là donc estoit âgé d'enuiron huict ou neuf ans, quand son pere mourut, qui le laissa fils vnique, riche de plus de soixante

& dix mil liures de rente, entre les bras de sa trop bonne mere, qui l'éleua si mollement & si libertinement, que luy ayant donné vn Precepteur pour l'instruire, & des valets pour le seruir, voulut absolument que ceux-ci lui obeissent seruilement, & l'honorassent comme vn Roy, & que son Maistre ne luy dit iamais chose qui luy peust déplaire: elle l'idolatroit tellement, qu'elle le paroit des plus superbes vestemens que les boutiques des Marchands luy pouuoient fournir: Son manger n'estoit que de perdrix, levraux, patisseries & ragoux aux iours gras; & de turbots, soles, brochets & truites aux iours maigres, si bien que quand elle l'enuoya dans le College à l'âge de 12. ou 13. ans, on luy portoit deux fois le iour les mesmes viandes, dont il vsoit en sa maison, & ne mangea autre chose durant le tēps qu'il y fut; Son coffre estoit plus remply de pastez, biscuis, macarons, & confitures, que son cabinet n'estoit de Liures & d'Images. Sa mere ne luy donnoit que des pistolles à iouër, & les autres Ecoliers qui estoient amorcez par les douceurs de son coffre, & par la lueur éclattante de son or, luy faisoient si bien la cour, & luy enfloient tellement le cœur (qu'il auoit bouffy de vanité) qu'ils luy excroquoient toutes les semaines vne dixaine de pistolles. Sa mere vouloit que son Precepteur le laissast faire à sa volonté, & qu'il luy raportast tousiours des loüanges de son fils, quoy qu'il fist; de façon que reconnoissant trop tard la vie libertine que son fils menoit, qui empiroit de iour en iour, & les debordemens & debauches dās

DE LA IEVNESSE. 301
lesquelles il se precipitoit à mesure
qu'il croissoit, elle mourut de regret,
de ne pouuoir plus remedier à son
mal, enuiron l'âge de son fils de 19.
à 20. ans qui estoit desia endeté
de plus de cent mil francs ; & aug-
menta si bien ce mauuais ménage
par sa vie dissoluë & effrenée, qu'en
moins de six ou sept ans apres la
mort de sa mere, à peine luy resta-il
dix mille liures de rente, pour finir
le reste de ses iours aussi mal, qu'il
les auoit commencez. *Qui parcit
virgæ odit filium suum.*

*Peres & Meres prenez garde à ne
point negliger les cadets de vos
Enfans.*

CEux-ci estoient deux freres
bien faits dans leur bas âge,
quand leur pere mourut, la mere les

enuoya tous deux au College, auec vn Precepteur & des valets, mais auec bien de la difference : Car l'ainé estoit braue, & maistre absolu de son conducteur, & de ses valets, & le cadet estoit habillé en malotru, & bafoüé mesme des valets, quoy qu'il fust bon Ecolier & bien fait. Quelque chose de bon qu'il fist, sa mere ne vouloit point ouïr de ses loüanges, & ne desiroit que celles de son ainé, qui ne faisoit rien qui vaille ; tellement que l'infame & mal aduisé Maistre d'asnes, pour gagner les bonnes graces de la mere, applaudissoit à tous ses souhaits, & contribua tant qu'il peut à l'éloignement du cadet d'auprez de son frere, & on l'enuoya étudier à la Fleche chez les R. PP. Iesuistes, (dont le College n'excede pas moins en magnificence, grandeur, & beauté tous les autres Colleges de France, que Paris fait le reste des villes,) il y fit des merueilles; mais quoy que les susdits R R. PP. peussent mäder de bon à sa mere, elle n'en vouloit rien croire; & il ne teuit point sa mere que ses classes ne fussent toutes paracheuées. Enfin le cours de ses études estant finy, il fallut le rappeller à sa maison, où il eut si peu de satisfaction de sadite mere, & de la plufpart de ses parens, que n'ayant ny equipage sortable à la condition, ny pas vn sol pour en auoir, & pour faire le voyage d'Italie où il desiroit aller, il trouua moyen d'en emprunter; mais il fut côtraint de faire vn étrange marché, car on luy demanda vne promesse des deux tiers plus que l'on ne luy prestoit, payable dans quelques années; ce qu'il accorda pour se desembarrasser du mauuais traitement

de ses plus proches. Son voyage, que ie ne décriray point, pour n'estre pas tant propre à mon sujet, fut assez bon, & il reuint sain & sauf à Paris, où la mere luy fit vn peu meilleur visage, (parce que son ainé l'auoit beaucoup desobligée par ses débauches, & pour auoir épousé vne femme pauure de biens, malgré elle, telle est vne partie de la fin de la bonne education qu'il auoit prise:) Son creancier le voyant arriué le vint prier de luy payer sa dete, à quoy il respondit genereusement qu'il ne vouloit rien luy faire perdre du principal, ny de l'interest de la somme, qu'il luy auoit prestée, mais qu'il n'estoit pas iuste qu'il luy payast trois fois plus qu'il ne luy deuoit; le creancier se voyant frustré de son apast, fit vne maniere de cession de sa cedulle à vn braue, qui n'ayant eu d'autre
réponse

réponse de ce ieune homme que la premiere, l'enleua au sortir de la promenade, du carosse où il estoit auec vn Conseiller, dans vn carosse à six cheuaux, escorté de quelques caualiers, & le mena dans vne maison, où l'ayant tenu quelque temps, & mal traité plus qu'vn honneste homme ne deuoit faire, le laissa sortir tellement enflammé de courroux & de rage, que n'ayant peu tirer raison de l'affront qu'on luy auoit fait, à cause d'vne fievre ardante où la colere le precipita, il mourut ainsi au troisiesme iour de sa maladie. Pour comble d'afflictions, la mere n'a pas eu grand contentement de ses autres enfans, dont l'vne fut enleuée quelque temps apres, & mariée contre son gré, & le pauure ieune homme perit, alors qu'elle commençoit de l'aimer comme il meritoit.

V

*Qui natos genuit plures, ne negligat vnū:
Qui facit, indignus nomine patris erit.*

On doit aimer tous ses enfans,
Les plus petits comme les grans,
Et bien soigner leur nourriture:
Qui neglige le moins adroit,
Doit perdre sur luy tout le droit,
Que luy a donné la nature.

*FIN.*

www.ingramcontent.com/pod-product-compliance
Lightning Source LLC
Chambersburg PA
CBHW070615160426
43194CB00009B/1277